DA 建筑名家细部设计创意 4

Creative Detailing

by some of the World's

Leading Architects

程力真　王庆　译

中国建筑工业出版社

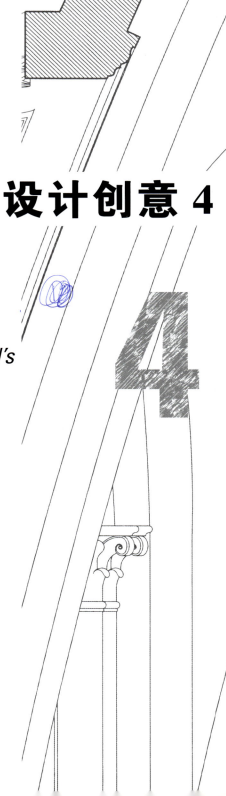

著作权合同登记图字：01-2003-2019号

图书在版编目(CIP)数据

DA建筑名家细部设计创意4/澳大利亚Images出版集团编；程力真，王庆译．—北京：中国建筑工业出版社，2004
 ISBN 7-112-06867-3

Ⅰ.D… Ⅱ.①澳… ②程… ③王… Ⅲ.建筑结构-细部-结构设计-世界-图集 Ⅳ.TU22-64

中国版本图书馆CIP数据核字(2004)第093102号

Copyright ⓒ The Images Publishing Group Pty Ltd

All rights reserved. Apart from any fair dealing for the purposes of private study, research, criticism or review as permitted under the Copyright Act, no part of this publication may be reproduced, stored in a retrieval system or transmitted in any form by any means, electronic, mechanical, photocopying, recording or otherwise, without the written permission of the publisher.
and the Chinese version of the books are solely distributed by China Architecture & Building Press.

本书由澳大利亚Images出版集团授权翻译、出版

责任编辑：程素荣
责任设计：郑秋菊
责任校对：赵明霞

DA 建筑名家细部设计创意 4
程力真　王庆　译
＊
中国建筑工业出版社出版、发行（北京西郊百万庄）
新　华　书　店　经　销
恒美印务（番禺南沙）有限公司印刷
＊
开本：787×1092毫米　1/10
2005年1月第一版　2005年1月第一次印刷
定价：**188.00**元
ISBN 7-112-06867-3
　TU・6113　（12821）
版权所有　翻印必究
如有印装质量问题，可寄本社退换
（邮政编码100037）
本社网址：http://www.china-abp.com.cn
网上书店：http://www.china-building.com.cn

CONTENTS
目　　录

亚历山大·察尼斯联合事务所
澳大利亚，新南威尔士
　　水景　　　　　　　　　　　　　　　　　　　　　　10

安克尔/莫特洛克/伍利－建筑师事务所
澳大利亚，悉尼
　　穹拱顶屋面　　　　　　　　　　　　　　　　　　18

建筑工作室
法国，巴黎
　　中殿、十字翼、尖塔、洗礼池与唱诗坛　　　　　　28
　　屋顶、蜂巢结构顶棚、十字柱和半圆体　　　　　　32

ASSAR（Pilot）——设计小组
比利时，布鲁塞尔
　　玻璃幕墙　　　　　　　　　　　　　　　　　　　36

贝尼斯及合伙人事务所
德国，斯图加特
　　叶饰玻璃窗　　　　　　　　　　　　　　　　　　40

贝尔特·科林斯公司
泰国，普吉
　　浮雕墙　　　　　　　　　　　　　　　　　　　　44

卡洛斯·布拉特克·阿特利建筑设计公司
巴西，圣保罗
　　直升机停机坪　　　　　　　　　　　　　　　　　46

卡罗尔·R·约翰逊联合事务所
美国，马萨诸塞州
　　花岗石墩柱、石墙和大门　　　　　　　　　　　　48

卡斯·科尔德·史密斯建筑事务所
美国，旧金山
　　楼梯与机房　　　　　　　　　　　　　　　　　　52

Cox 集团
澳大利亚，南澳大利亚州
　　双层表皮外墙　　　　　　　　　　　　　　　　　60
　　三维屋顶　　　　　　　　　　　　　　　　　　　64

戴蒙德和施米特建筑师公司
西印度群岛
　　双折垂直推拉门　　　　　　　　　　　　　　　　68

CONTENTS

迪莱昂纳多国际公司
沙特阿拉伯，利雅得
  餐厅长条软凳与装饰屏风   72
  客房走道、主楼梯与服务台   76
  温泉水墙   82

芬特雷斯·布拉德伯恩建筑师事务所
美国，科罗拉多州
  玻璃穹顶   84
  装饰球   90

福斯特及合伙人事务所
英国，伦敦
  中庭的玻璃屋顶   94
  玻璃天棚   98

福克斯和福尔建筑师事务所
美国，纽约
  不锈钢十字支架连接的玻璃墙板   106

鹿岛设计公司
日本，东京
  两部分组合式屋顶结构   110

康·彼得森·福克斯联合事务所
美国，麦克莱恩
  垂直桄与玻璃肋   116

麦金塔夫建筑师事务所
美国，马里兰州
  桥、雨篷和楼梯   122
  连廊与四脚吊杆   130
  嵌入式床   134

摩尔·鲁布尔·尤德尔建筑师与规划师事务所
美国，加利福尼亚州
  阅览室吊灯装置   138

威廉·摩根建筑师事务所
美国，佛罗里达州
  入户门   142

P&T 设计集团
中国，北京，香港
  幕墙、天窗、竹岛和装饰外墙   144
  天窗和曲面屋顶   150

J．J．Pan 及合伙人建筑师与规划师事务所
中国，台湾
  结构框架和金属外围护结构   156

珀金斯·伊斯特曼建筑师事务所
美国，纽约
  幕墙   162
  玻璃雨篷   168
  不锈钢桁架支撑的玻璃幕墙   172
  仿真动植物馆   176

普福建筑设计有限公司
美国，加利福尼亚州，旧金山
  餐桌   178

里斯建筑师事务所
澳大利亚，新南威尔士
  入口前厅   180
  多层顶棚与隔墙   184

Studios 建筑事务所
美国，加利福尼亚州，旧金山
  带肋骨的室内木墙面   188

TSP 建筑师 + 规划师有限公司
新加坡
  天窗、玻璃墙、网孔板与遮阳板   194

VOA 建筑/规划/室内设计合伙人公司
美国，印第安纳州
  外墙板   204

索引   213

致谢   216

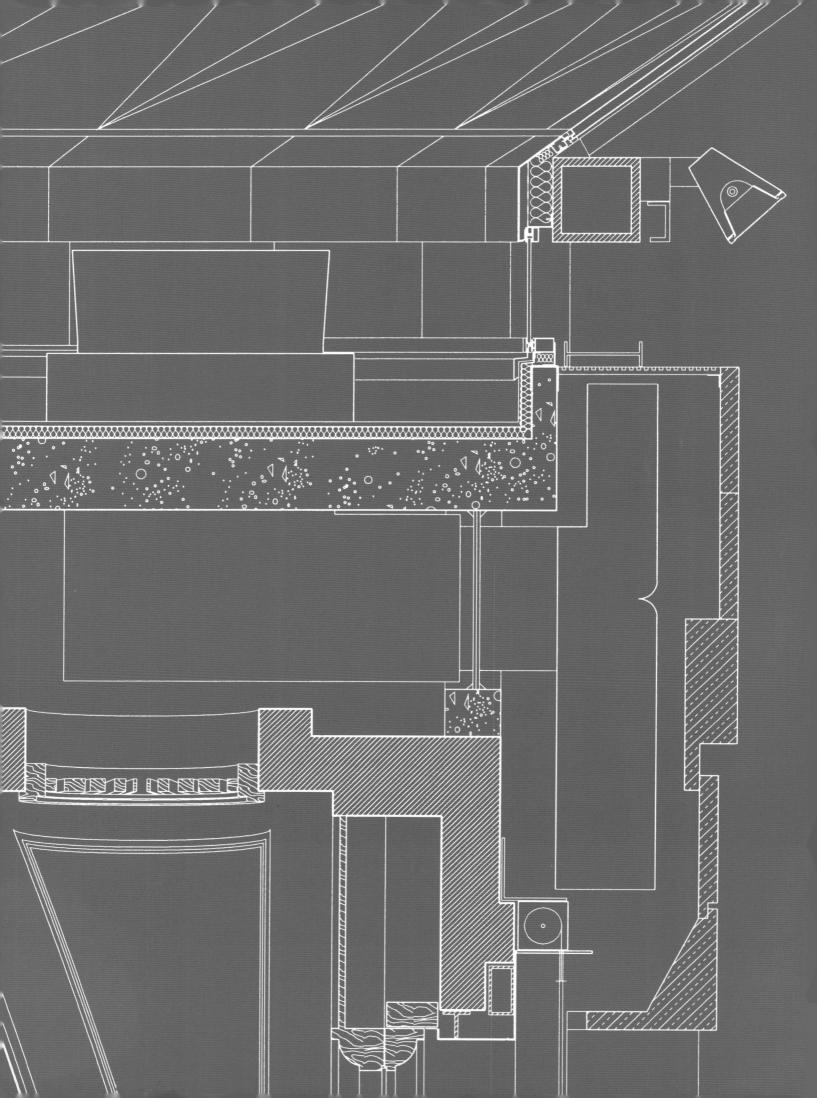

每一项建筑设计中都包含着多种尺度——场地与建筑体量尺度，室外与室内空间尺度以及细部尺度。一个成功的建筑必须同时满足各种尺度的要求。

在过去，手工工具的使用限制了建筑部件的大小，细部的尺度决定于材料及其工艺。随着现代加工和装配技术的发展，手工艺品的尺度可以不是固有的尺寸标准，这种标准是用在大多数可以接受的建筑上的尺度。取而代之的是，我们依靠细部设计——窗框、栏杆的外形、节点的表达来体现基本的人体尺度。

我们发现建筑的 DNA——尤其是关于时代、地域、技术的遗传密码——存在于细部之中。它构成整个建筑并且必然用其最好的方式。本书中所引用的工程实例展示了细部的这些作用：使建筑尺度贴近它们的使用者、将各个局部组合成一个整体以及最终实现对建筑的理解、体验。

——马克·麦金塔夫
（美国，马里兰州，贝塞斯塔，麦金塔夫建筑师事务所）

WATER FEATURE
THE CAULDRON, OVERFLOW PARK, HOMEBUSH BAY, NEW SOUTH WALES, AUSTRALIA
Alexander Tzannes Associates, Architecture Urban Design

水 景
澳大利亚，新南威尔士，霍姆布什海湾，漫水公园火炬台
亚历山大·察尼斯联合事务所（悉尼）

1

1　火炬台底部
2　总平面
3　概念设计

水瀑公园是2000年奥运会场馆赛后使用而恢复建设的最早案例之一。它是一个位于霍姆布什许多重要设施中心的新公园，周边有车站、体育馆、穹顶（体育馆）和皇家农业协会。

公园设计将奥运火炬台设置成为一座记载着2000年悉尼奥运会及获奖选手的纪念碑。经过重大改造的火炬台重新设置后可以满足不同的火焰点燃需求，并配以喷泉和具有戏剧性效果的灯光设施。

通过景观规划设计将周边的公众娱乐活动整合为一个整体，这些景观要素的应用包括：人行道、灯光、普通平地、设施和特定的景点。设计包括对艺术元素的娴熟运用，创造一个与众不同的环境，并确保将来与场馆相关的这些地方成为参观游览的有趣场所。伊曼斯·蒂勒（Imants Tillers）的艺术作品与火炬台、景观设计一起形成了新公园的标志性特征。

景观与台地共同形成一系列相互关联的

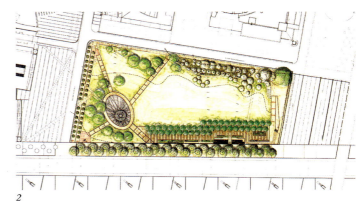

2

3

场所，这些场所通过铺地、艺术品、灯光与主题的设置被赋予了特定的含意。

燃气与电力的服务设施可以提供多种层次的能量需求。补给水的消耗主要源于蒸发，因此，植物灌溉与喷泉所需的循环水合并在一起。材料是耐久并且相对低耗的。现有公园结构的重新利用和主要树木的重新栽植都用来体现景观设计的理念。

设计中特别考虑到维护设施的设置要简单易行，以便于高效率地运行。它们被安置在一个地下的厂房内，既能提供便捷而高效的服务，又可以避免暴露在公众视线之中。

建筑、景观、工程与艺术共同努力以创造一个展现澳洲文化价值的独特场所。

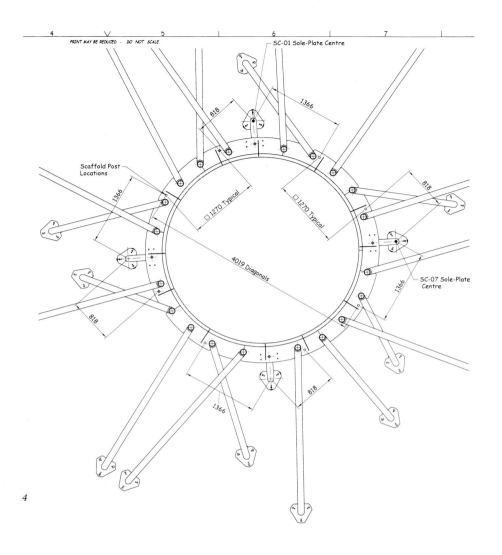

4

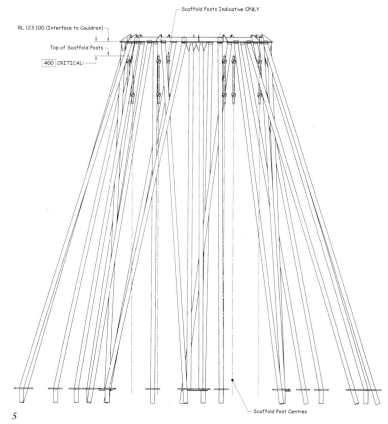

5

4-5 构架支柱的定位
对面图：
　　奥运会火炬台

7

7 奥运火炬台夜景
8 揭去顶板的顶视图

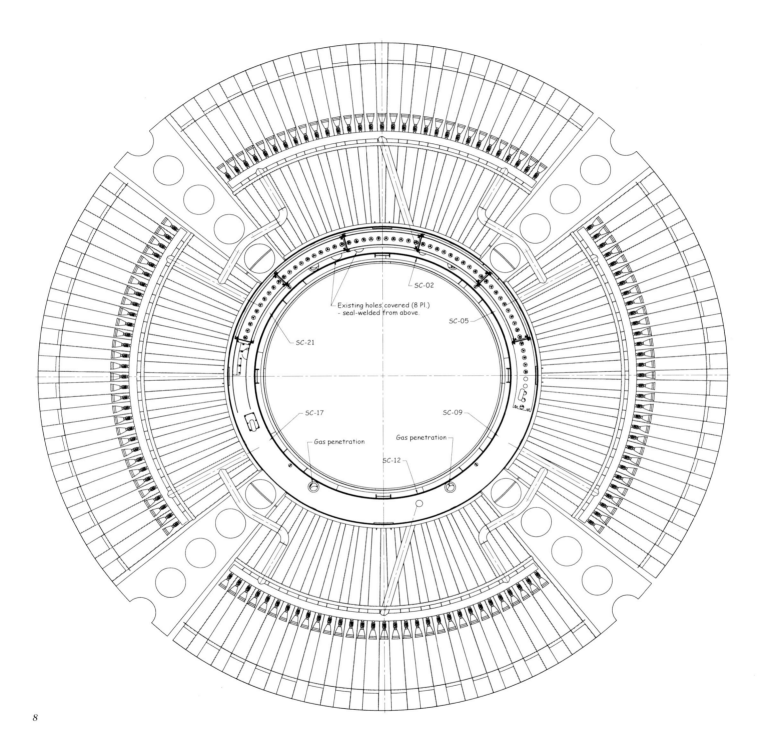

8

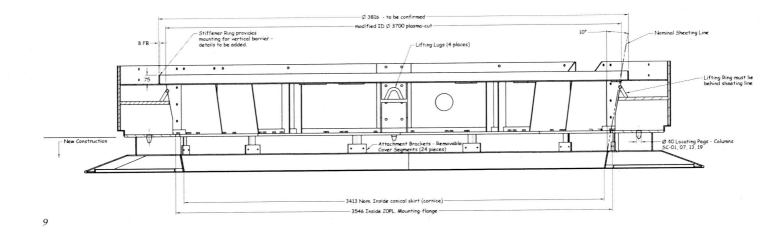

9

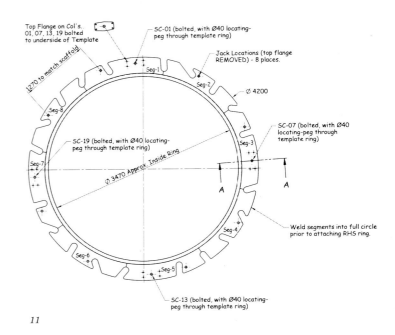

11

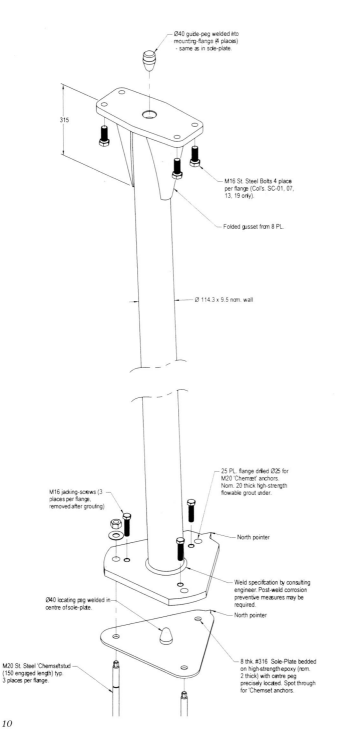

10

9　剖面
10　柱子的构件
11　垫圈的焊接
12　内壁的焊接
13　金、银牌获得者的姓名条板

摄影：Bart Maiorana
详图：Design and Survey Neon

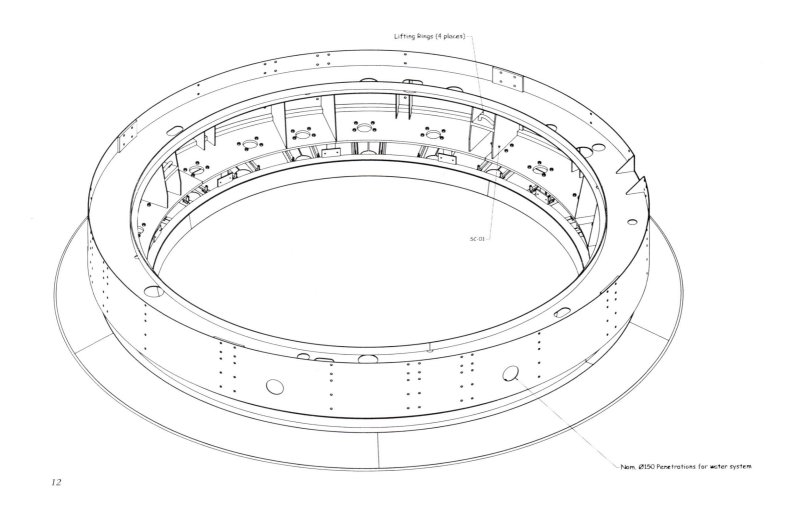

12

13

VAULTED AND DOMED ROOFING SYSTEM
NEW SYDNEY SHOWGROUND, HOMEBUSH BAY, SYDNEY, AUSTRALIA
Ancher/Mortlock/Woolley – Architects

穹拱顶屋面
澳大利亚，悉尼，霍姆布什海湾，悉尼新展馆
安克尔/莫特洛克/伍利 – 建筑师事务所（悉尼）

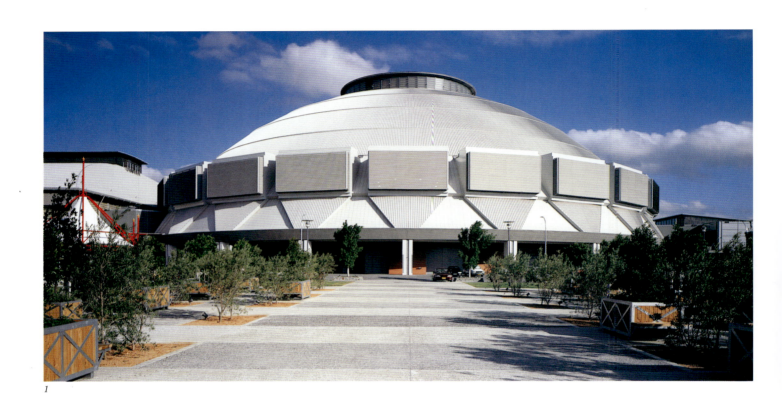

1

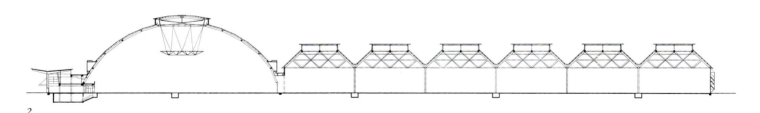

2

皇家农业协会（RAS）展馆由一些大型建筑单元组合而成，它最引人瞩目的特征是一个100m直径的大穹顶。

穹顶的设计要满足皇家农业协会举办重大的展览要求，要有适宜的风格，并且大厅的面积要满足2000年奥运会室内赛事的。展厅还要体现出"生态型可持续发展"的政府政策，但得是一座具有纪念风格与尺度的，在霍姆布什海湾发展中本地区首屈一指的重要公共建筑。

圆顶厅在各展厅中面积更大，装备更好，在2000年奥运期间它可以用作一个拥有10000观众座席的排球场。

穹顶设计中运用了最新的大跨度屋顶技术与由相对较短的三角形断面的构件相结合，装配成屋壳结构。主要材料为木材，而在节点和张拉构件、墙架和柱中则较多地使用钢材。

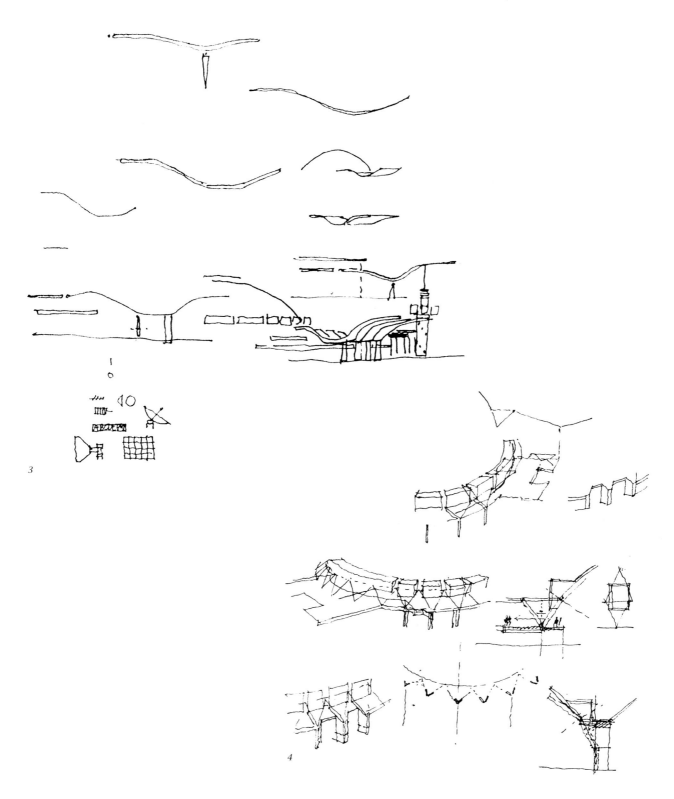

木材的使用是对工程实现"生态型可持续发展"设计目标的有力响应。人们发现使用木材不仅施工进度与钢材相仿，而且能使资源利用多样化。

穹顶是继1994年冬季奥运会的利莱哈默（Lillehammer）大楼之后世界上最重要的钢木结构之一。或许更为重要的是，它将一直用作皇家农业协会和复活节展览，体现出温馨而人性化的特征。

1 穹顶
2 沿穹顶的纵剖面1、2和4
3 入口雨篷概念草图
4 穹顶凸窗的概念草图

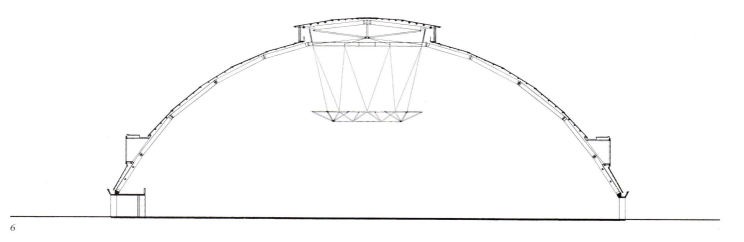
6

7

8

对面图：
1号穹顶厅室内
6 1号穹顶厅横剖面
7 穹顶上采光屋面的结构与通风百叶
8 安装过程从顶部开始，先在地面组装，再将圆环整体吊起
9 1号圆顶厅采光窗的细部剖面图

行政办公楼将圆顶展厅的正式入口与从火车站通向展场的入口连接起来。该办公楼为车站广场提供了城市尺度的街道界面，然后转换到通向人行广场的柱廊界面，一直引导人流到展场的中心。在建筑的角落有转门、检票口、节日的标语和旗帜。

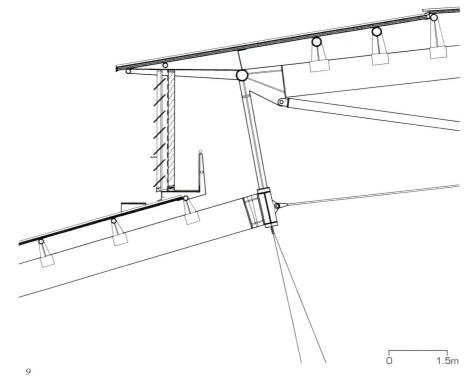
9

对面图：
圆顶的凸窗
11 1号穹顶厅凸窗近景
12 穿过凸窗、圈梁排水槽与柱廊和
    1号穹顶厅剖面

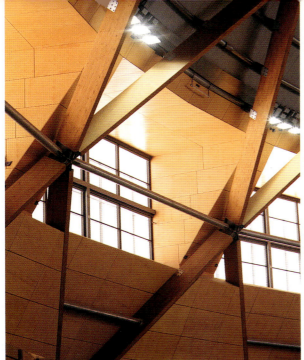

11

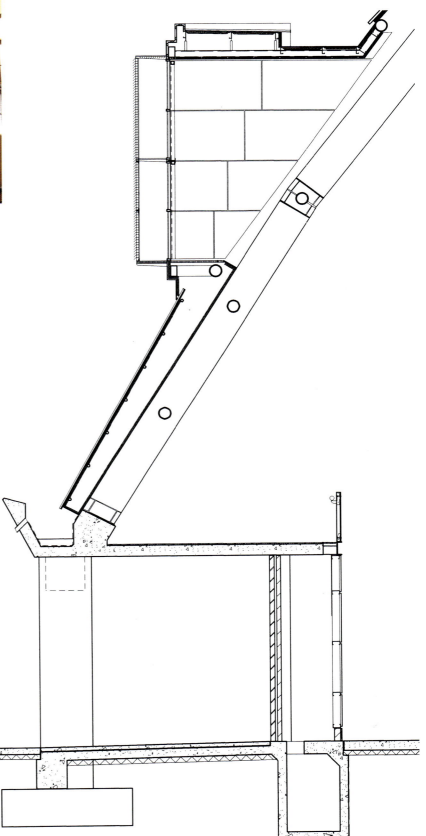

一栋带有巨大电视屏幕、标语、电子信息和旗帜的圆形塔楼使得展场的这一角有鲜明的标识性。该圆形塔还可以提供通讯天线和碟型卫星天线，如果需要，也可以提供一个公用的眺望台。

主入口的雨篷、柱子与悬臂梁都是用大型胶合木建成，其外面上有镀铜保护层。

12

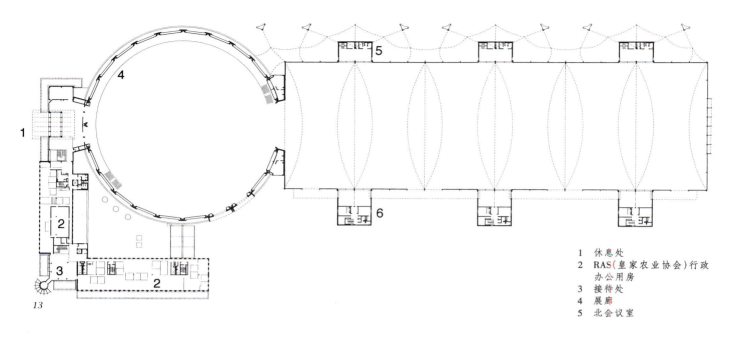

1 休息处
2 RAS（皇家农业协会）行政办公用房
3 接待处
4 展廊
5 北会议室

15

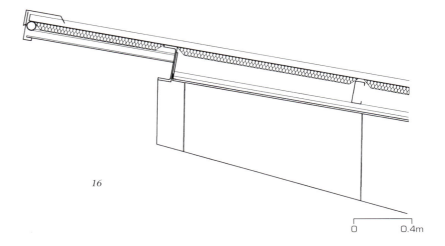

16

0　0.4m

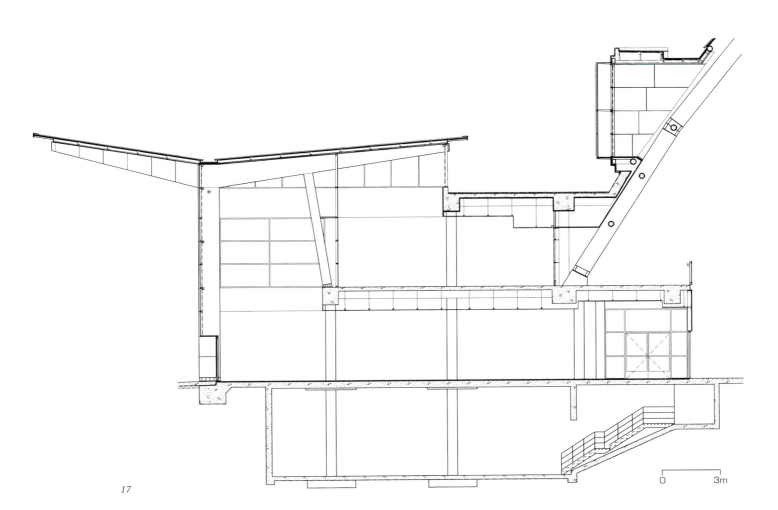

17

0　3m

13　首层平面
14　入口雨篷，外镀铜的胶合木结构
15　入口雨篷和门厅立面
16　入口雨篷细部剖面，檐口与镀铜梁
17　穿过入口雨篷、入口大厅和夹层空间到 1 号穹顶厅的剖面

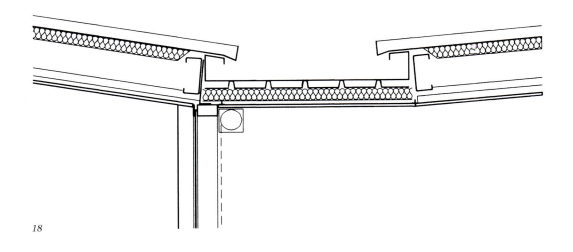

18

19

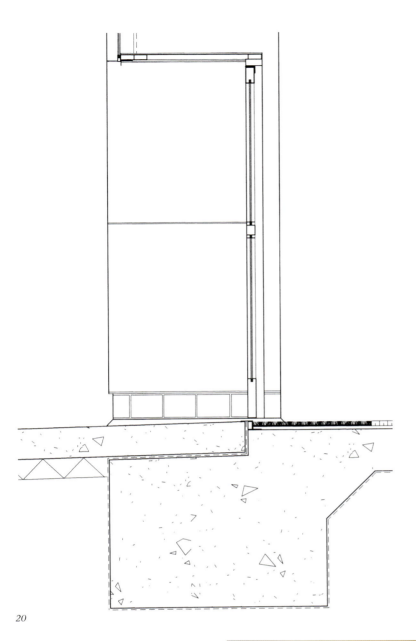

20

21

18　入口雨篷的檐槽和调光百页的细部剖面
19　行政办公楼和主入口
20　穿过入口雨篷处的门与镀铜扁柱的细部剖面
21　入口大厅木结构

摄影：Patrick Bingham – Hall（1，5，10，11，15，19）；Garry Wallace（7，8，16，21）
设计草图：Ken Woolley

NAVE, TRANSEPT, STEEPLE, BAPTISTRY AND CHANCEL
NOTRE DAME DE L'ARCHE D'ALLIANCE, PARIS, FRANCE
Architecture Studio

中殿、十字翼、尖塔、洗礼池与唱诗坛
法国，巴黎，诺亚方舟协会教堂
建筑工作室（法国，巴黎）

1

2

3

　　这座位于巴黎市中心的教堂象征着圣经中的约柜。

　　这个完美而简约的立方体被金属构架所环绕。构架象征着外部世界与教堂圣坛之间的过渡。

　　教堂内部，短小的中殿通向后殿并穿过十字翼将其分成等比例的两段。中殿强调了室内空间的一致性和垂直的自然形态。

　　十字翼将中殿与后殿分开。外面是立方拱顶，上面带有圆锥形的天窗，朝向圣坛方向，整个拱顶暴露在日光下。

　　教堂的尖塔是一个48m高中空的筒形构架，这是教堂的一个有象征意义的立面。它与封闭的实体塔不同，很容易让人联想到风吹过这个构架的情景。

　　洗礼池也与早期的不同，早期的洗礼池独立于教堂之外，而该教堂的洗礼池被设在约柜之下——教堂底下，但它仍然是专为基

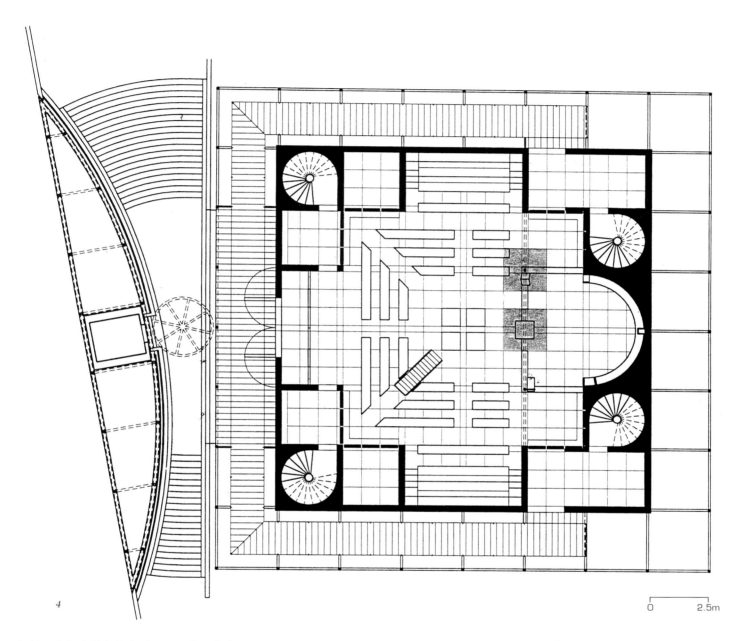

4

督教入会仪式服务的庄严圣地。位于白色地下室中的洗礼池由整块石材砌成，一道穿过上层楼面的垂直光线将它照亮，并用十字架作为标志。

后殿唱诗坛位于这座等臂的希腊十字形教堂的东端，形状像一个正面呈抛物线状的微微倾斜的圆柱。

人们进入教堂需要穿过木制的大门，它们使人联想起传统教堂建筑中厚重的门板。

1　教堂尖顶
2　中殿
3　洗礼池
4　布道台

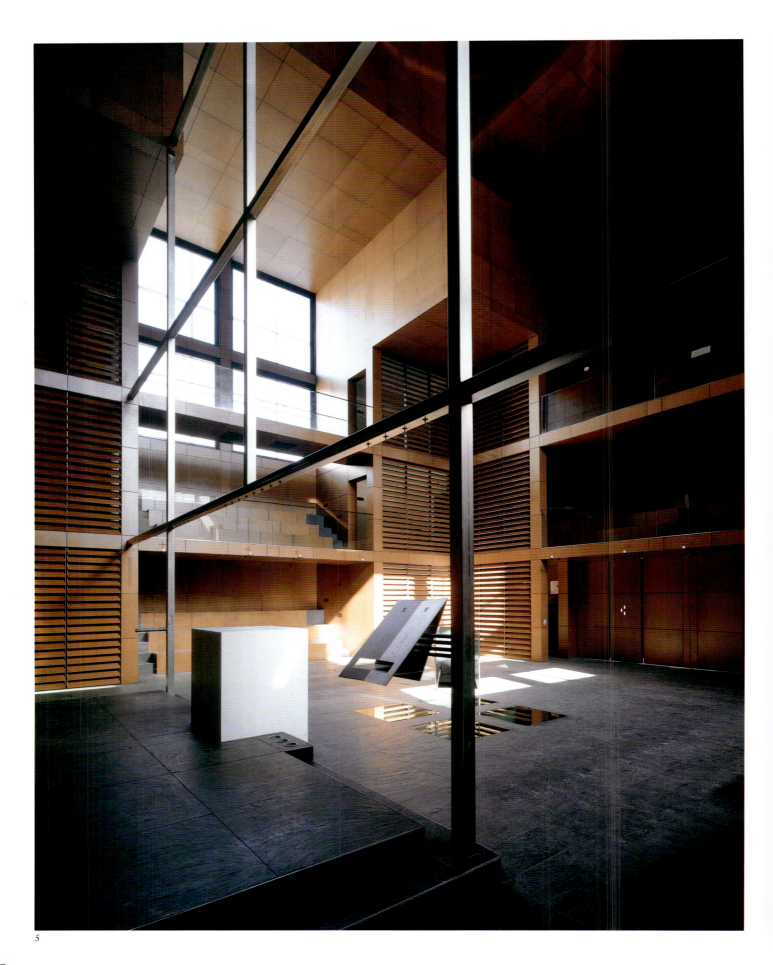

5 十字双翼
6 教堂前厅
摄影：Gaston

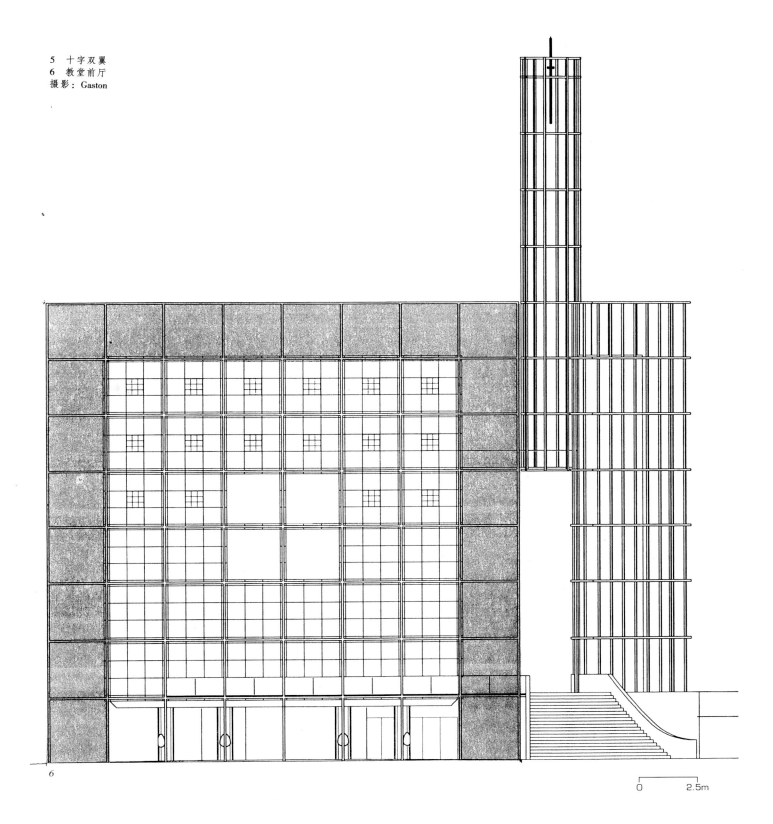

6

ROOF, HONEYCOMB CEILING, CRUCIFORM PILLARS AND HEMICYCLE
EUROPEAN PARLIAMENT HOUSE, STRASBOURG, FRANCE
Architecture Studio

屋顶、蜂巢结构顶棚、十字柱和半圆体
法国，斯特拉斯堡，欧洲议会大楼
建筑工作室（法国，巴黎）

1

2

　　这个由欧洲议会委托设计的方案，不仅要表达出欧洲的历史与文化，同时还要体现出时代感和作为时代支柱的民主制度。

　　这座融合了古典主义和巴洛克风格的建筑代表着西方文明的基础。一条通廊从中心的几何体（伽利略）延伸到变体（波罗米尼），或到椭圆形（开普勒，贡戈拉），或到一个不稳定几何形态，这种形式象征着从中央集权到民主的道路。

欧洲议会的独立自主的形象将被直接地或者通过象征的形式体现出来。

　　设计中考虑到了欧洲广泛的环境形态以及"城市"与欧洲这两个不同的概念。当要表达这一概念时，它们得保持联系并且互补。

　　该建筑同时体现了强有力的政权和开放的民主精神。

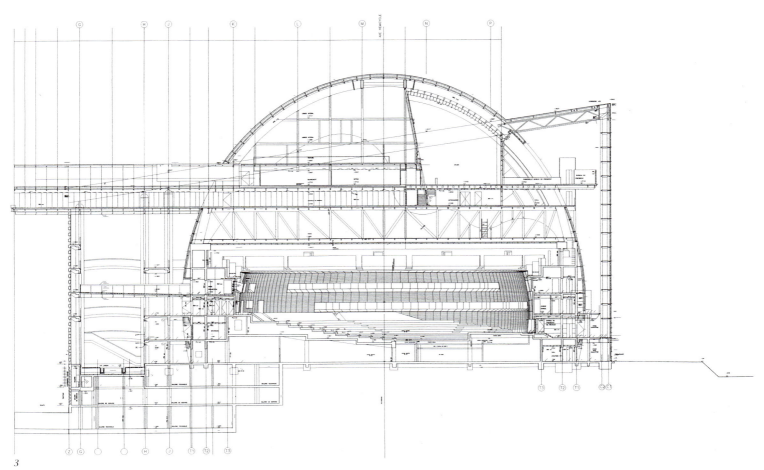
3

4

1　半圆体的横剖面
2　正立面
3　半圆体的详细剖面
4　屋顶细部
摄影：G. Fessy

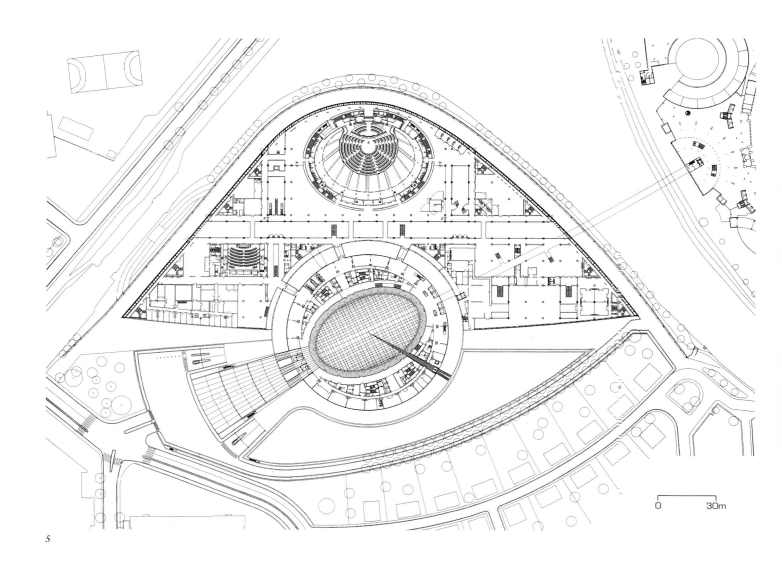

5

5 平面
6 顶棚细部：复杂的蜂巢结构，具有照明和声学作用
7 咖啡厅
摄影：R. Rothan（6）；G. Fessy（7）

6

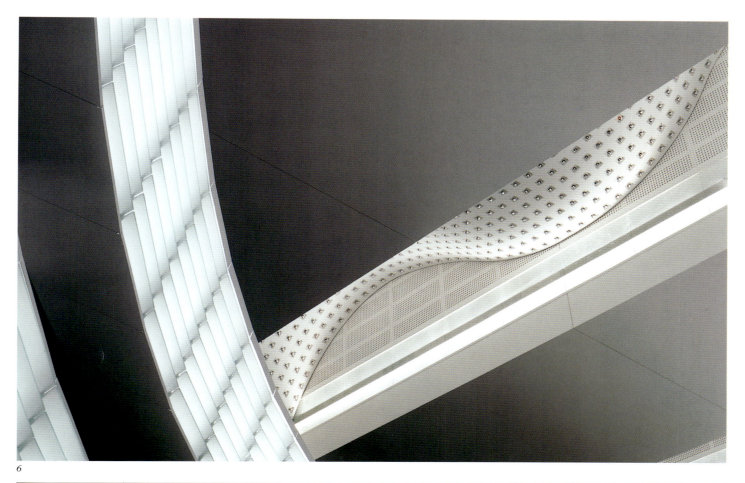

7

35

GLASS CURTAINWALL
Royal Military Academy Conference Centre, Brussels, Belgium
ASSAR (pilot) – Teams

玻璃幕墙
比利时，布鲁塞尔，皇家军事学院会议中心
ASSAR （Pilot）——设计小组（布鲁塞尔）

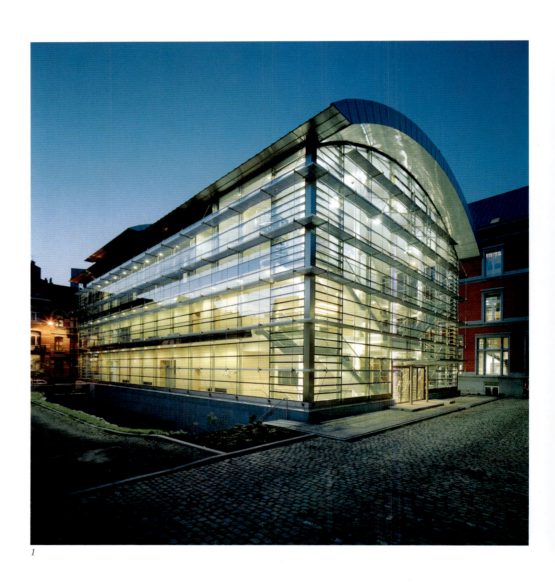

1

1 全景
2 屋顶结构与立面遮阳的细部
3 面向公园广场的主入口

这座 2700m² 的会议中心是皇家军事学院最新加建的建筑，它包括一个 300 座的礼堂、一个拥有最新设备的 50 座会议室和录音室。

主礼堂可以通过玻璃立面自然采光，并根据需要用自动百叶窗来调节进光量。三角支架体系的利用产生一种轻盈的感觉。立面结构由钢构架组成，带有隔声窗。玻璃幕墙配有"吊桥"以便清洁。

沿建筑的侧立面修建了两个用比利时天然石块砌成的英式庭院，使天光可以照入地下室中。

会议中心覆盖着一个金属的拱顶。在室内则运用了白、灰、黑的基本色调和木、钢、花岗石这些材料。

军界外的个人或组织也可以使用皇家军事学院会议中心。一道玻璃的"内部"入口面对公园广场设立，而另一道"外部"入口

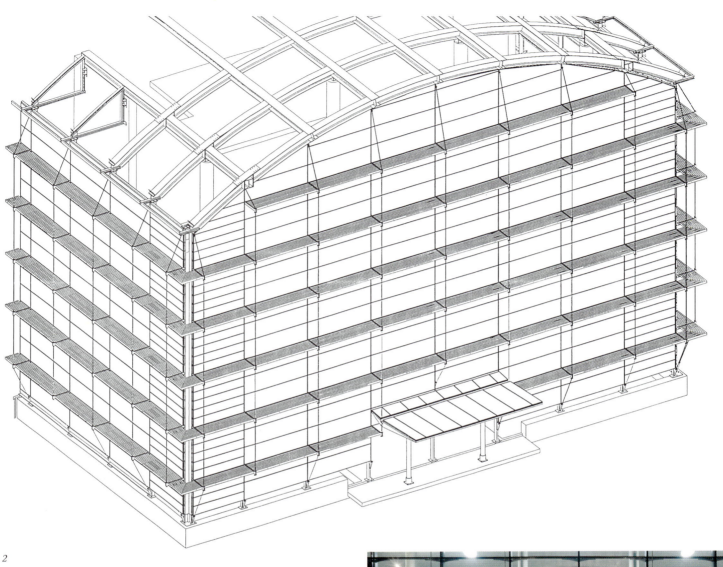

2

被设计成面向街道。这个外部入口由砖、建筑预制混凝土和蓝砂岩建造而成,以便与"莱昂纳多·达·芬奇"街建筑形成的古典环境相协调。

3

4

5

4 立面的细部:为方便清洁设置的钢 "吊桥" 形成遮阳
5 从室内垂直交通看玻璃幕墙
6 主入口细部:由钢 "吊桥" 和雨篷形成的遮阳板
7 屋顶结构和立面遮阳的细部
摄影:Marc Detiffe

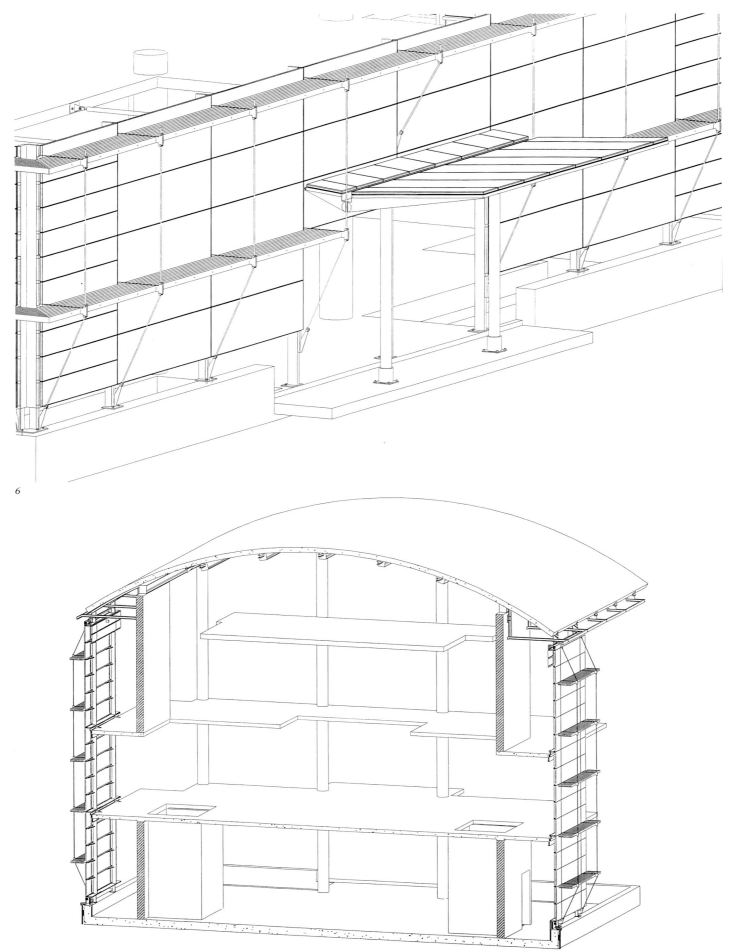

6

7

LEAFED GLAZING
SPA BAD ELSTER, BAD ELSTER, GERMANY
Behnisch & Partner

叶饰玻璃窗

德国，巴特·埃尔斯特，巴特·埃尔斯特温泉
贝尼斯及合伙人事务所（德国，斯图加特）

2

1

巴特·埃尔斯特温泉区的艾伯特温泉是德国最古老的泥浴场之一。该建筑综合体中有许多建于 1856 年和 1912 年的旧建筑，包括一次 1909－1910 年间深受德国新艺术运动影响的改造。

这次开发计划中包括兴建一些新的浴池，多数设在一个新的中央浴场里。设施还包括一个信息馆和一栋为按摩和泥疗用的医疗楼。

这座能提供温泉的建筑具有古典美和吸引人的魅力。在它的内庭中必须避免出现任何大型的体量，从而使其拥有一个完整的、可以观赏天空和周边山林的视野。

屋顶运用了透明的材料，四周墙体也同样是透明的，使人几乎看不出室内外之间必要的分隔墙。

新建筑有意与旧建筑形成对照。运用当代建筑技术创造出清晰、朴实的形体，使得通透、轻盈的结构和柔和的色彩共同创造出宁静而愉快的气氛，将大厅本身也变成内庭中的一个景观要素。

立面与屋顶都由相距 1m 的双层叶片状

3

玻璃构件组成。两层叶片都有带气压设施的纵横双向构架。冬天，在双层叶片之间运行的空气就像一个隔热的缓冲层，走道内流动的恒定气流可以避免冷凝现象的产生，此外，双层叶片之间还能产生热能。

晚上，当温度降到摄氏0度以下时，玻璃可以密闭以形成一个防止热量流失的空气缓冲层。北立面处的两层叶片之间可以进行废气的处理。一条独立的，便于人们清洁的玻璃薄膜输送管替代了可见的管线。

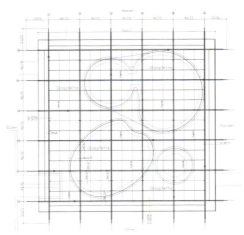

4

1　新旧形式的对比
2　光线与色彩穿过叶片状玻璃照射在非彩色的地面上
3　百叶窗可根据洗浴者的需要调节舒适的光线与温度
4　洗池上方支撑百叶窗体系的钢格栅

5 玻璃的上侧（朝向天空）是白色印花的，下侧（朝向室内）是彩色印花的
6 穿过立面双重墙的剖面
7 穿过水平百叶系统的剖面，展示了百叶的工作模式

摄影：Christian Kandzia

5

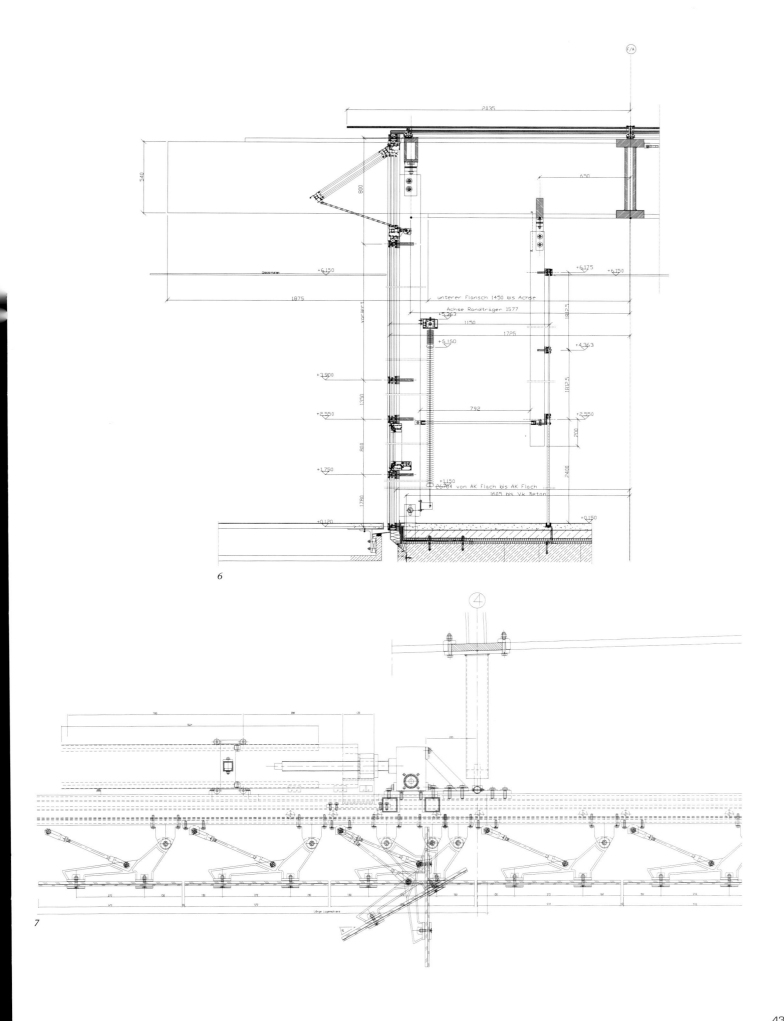

CARVED WALLS
LAGUNA BEACH RESORT, PHUKET, THAILAND
Belt Collins

浮雕墙
泰国，普吉，拉古纳海滨游览胜地
贝尔特·科林斯公司（美国，檀香山）

1

受柬埔寨吴哥窟寺庙群中的古高棉石雕的启发，贝尔特·科林斯公司在位于普吉的拉古纳海滨游览区的泳池和水景设计中，运用现代的手法加入了寺庙中"象墙"与"那加兰邦武士"雕像。

雕像没有采用钢筋混凝土结构建造，而是由一队本地的工匠负责手工完成雕刻这件艺术品。工人在给外表面上色时非常仔细，希望确保完工后雕像的外观具有风吹日晒后的米色砂岩雕像的仿真色彩。

贝尔特·科林斯公司的设计人员在设计与施工的过程中多次到吴哥窟研究考察，以保证雕像的形态、肌理与色彩上的细部都尽可能真实。

围绕着旅游区主泳池的大象浮雕墙是一排3.5m高的墙体，它与茂盛的植物和墙上的攀援植物带相结合，最终形成令人印象深刻的戏剧效果。

"那加兰邦武士"群像（Naga Worrior sculptures）是由28尊1.5m高的雕像沿着一个

2

3

4

穿越式泳池的两岸排列。

　　这个泳池将主泳池和其中一个小型的有趣的泳池衔接在一起。跌落的水景、凹入式池座、茂盛的植物和向上照射的灯光结合起来，使这里成为旅游区内最受欢迎、最有吸引力的地区之一。

1　"那加兰邦武士"雕像的透视草图
2　大象浮雕墙的立面草图
3　竣工后的"那加兰邦武士"雕像
4　竣工后的大象浮雕墙
摄影：courtesy Belt Collins 提供

HELIPORT
ATTILIO TINELLI, BROOKLIN NOVO, SÃO PAULO, BRAZIL
Carlos Bratke Ateliê de Arquitetura

直升机停机坪
巴西，圣保罗，布鲁克林诺武，阿蒂利奥·蒂内利大楼
卡洛斯·布拉特克·阿特利建筑设计公司（圣保罗）

1

2

这是个后加的停机坪。当大楼的建造工程已经接近尾声时，建筑师被告知：需要在阿蒂利奥·蒂内利大厦的顶上增加一个停机坪。

停机坪没有追随整座建筑的设计形式，而是表达了一个与整体不同的构想。

设计采用了几何形体的形式，类似于一个方盒子的游戏。设计中的可见部分是：一个打开的门和一组嵌套的立方体。

1　有停机坪的屋顶
2　俯瞰停机坪
3　从正面可以看出立方体形式
4　正立面
5　金属结构的剖面
摄影：José Moscardi Jr

3

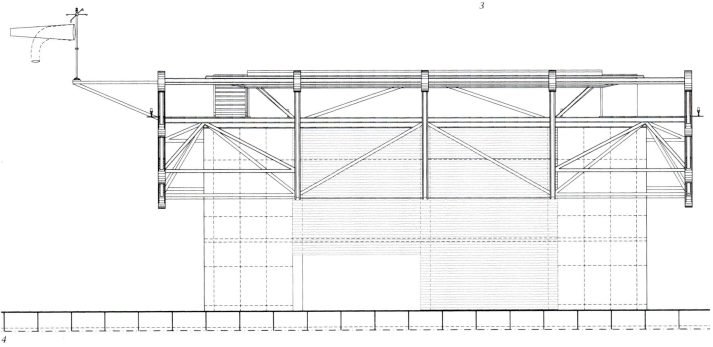

4

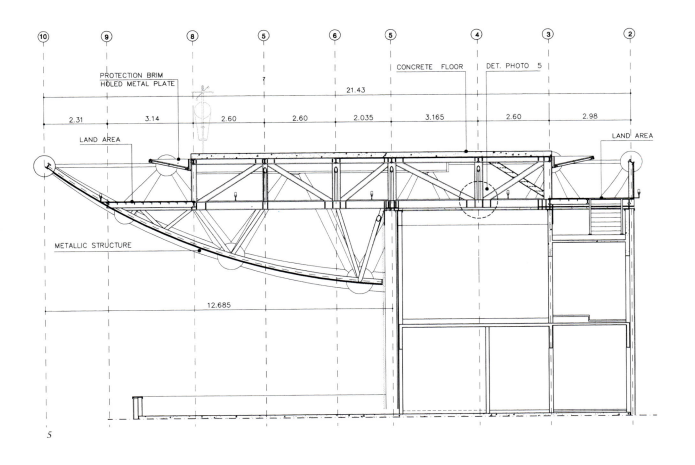

5

GRANITE PIER, FENCE AND GATE
BOSTON LDS TEMPLE PROJECT, BELMONT, MASSACHUSETTS, USA
Carol R. Johnson Associates, Inc.

花岗石墩柱、石墙和大门
美国，马萨诸塞州，贝尔蒙特，波士顿后期圣徒教会教堂
卡罗尔·R·约翰逊联合事务所（盐湖城）

1

2

波士顿马萨诸塞耶稣基督后期圣徒教会教堂位于波士顿市第二高山的山顶，它为整个新英格兰东部的教会成员所使用。这片独特的建筑基地有2.8公顷，基地内的特点是：有超过1.2公顷的岩石地面和凸出地表的岩层，从北到南有24.4m的落差。

景观设计的理念在于：如何使基地的工程设计要素与基地自然景观与地质条件带来的限制相结合，同时保留其自然景观和特征。基地独特的地形与夸张的岩石地表需要超过50300m³的岩石爆破和运输量，才能满足9750m²的教堂基址和相关的花园、停车场以及已经开发的两公顷基址上的步行道的建设。基地内建有挡土墙，高度从4.6到9.2m不等，有花岗石饰面，不同的高度变化达到不同进入坡度的要求，并将开发的风景区与保留的2英亩林地分割开。

一片大草坪将人们引导到教堂入口处，大草坪被两道从建筑中央入口处延伸出来的优美的弧线形花岗石墙围绕着。

1　图示总平面（无比例）
2　教堂、大草坪和周边围栏
3 和 5　花岗石贴面挡土墙和植物
4　入口处的墩柱

3

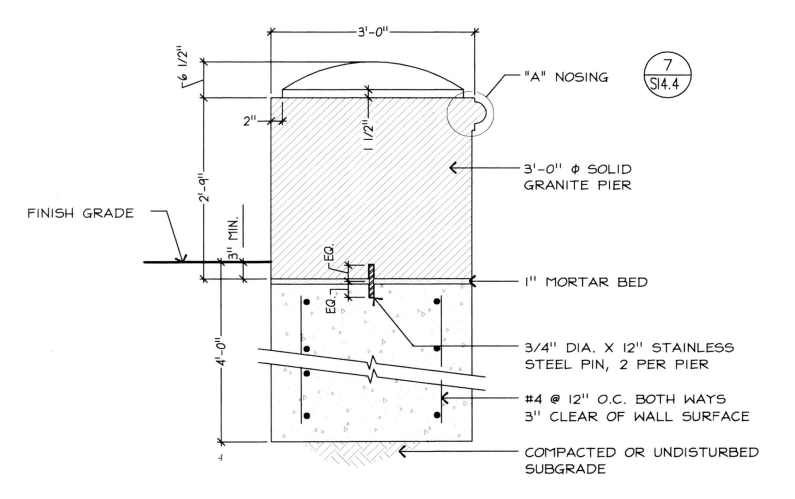
4

定制的铁艺大门和周边的围栏也是基地上的特色之一。开发的基地内建有许多花园，它们可以是远处广阔的新英格兰风光的观赏点，也可以成为个人或小团体集会时宁静的默祷空间。

5

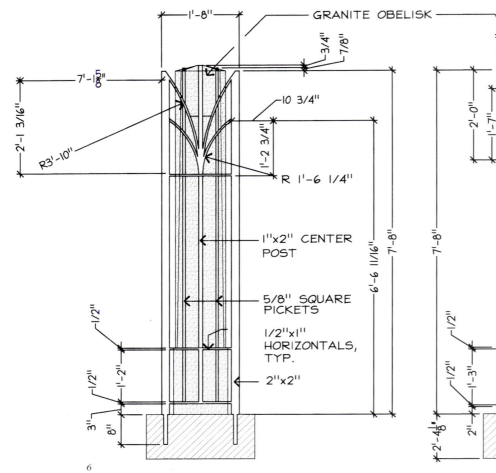

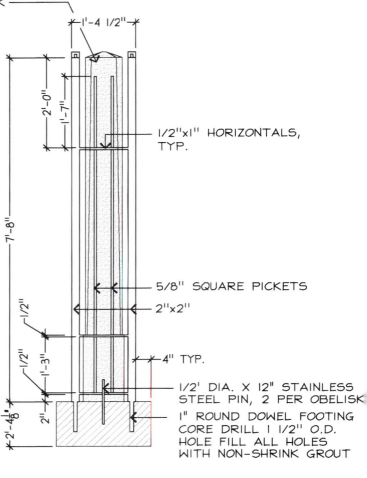

6　入口处的墩柱
7　教堂入口处的大草坪和基地围墙
8　入口大门墩柱处被围合的花岗石方尖碑
9　椭圆形墙的剖面
10　花岗石贴面挡土墙和植物
摄影：Jerry Brown and Jerry Howard

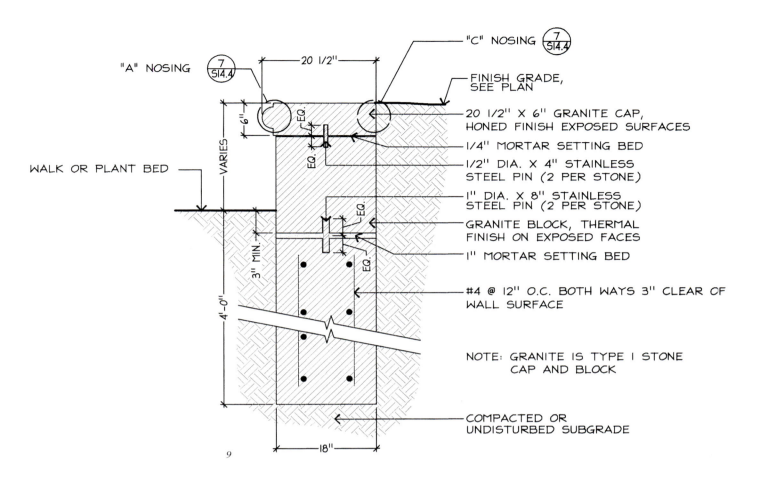

STAIR AND SERVER ROOM
INNOVENTRY, SAN FRANCISCO, CALIFORNIA, USA
Cass Calder Smith Architecture

楼梯与机房
美国，加利福尼亚州，旧金山，因诺弗特里
卡斯·科尔德·史密斯建筑事务所（旧金山）

1

因诺弗特里（Innoventry）是旧金山一家高科技金融服务公司商业租赁房的改建工程，面积有18228m²。公司需要为旧金山总部设计一个展示性的办公空间，这个空间内包括公司的财政办公室、技术开发部和行政管理部。

工程现场是一座刚整修过的4层楼房，其车库位于一个旧的停用的码头中。这座楼原本是为多个租户设计的，因此每一层的面积都相对较小，不太适合一家公司的整体使用。

业主提出的设计要求是：加强楼层之间和部门之间的交流，创造一个可以适应公司扩展需求的灵活开敞的办公环境。设计师提出的解决办法是：用一个连接各个楼层的楼梯作为交通中枢，将各楼层都串联在这一轴线上，并且每一层的平面都以此轴为核心展开。

1 上面有休息室的室内楼梯
2 楼梯扶栏的室内立面

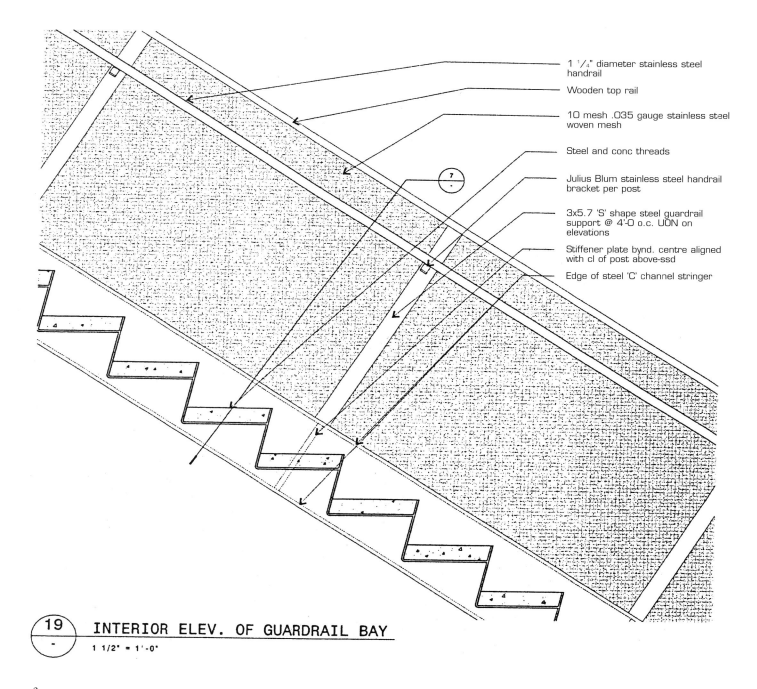

对面图：
四层的楼梯细部：不锈钢网眼的护栏和上方的会议室
4　中心楼梯的渲染图
5　护栏细部

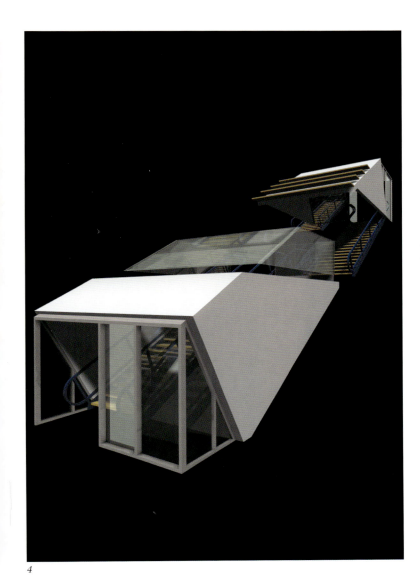

4

```
1"x3 1/2" wooden top rail with
shaped edge as shown

Steel flange welded to inside width
of steel post and fastened to wood
top rail above – ssd

1/4"x1" stainless steel trim with #10
square drive flat head fasteners

10 mesh .035" stainless steel
woven wire mesh guardrail with
perimeter framed edges

1 1/4" diameter stainless steel handrail

Julius Blum stainless steel handrail
bracket with single mounting 1/2"
stud thru-bolted with 1/2" diameter
stainless steel bolts in pre-drilled hole
in stainless post

3x5.7 'S' shaped stainless steel post
– ssd and elevs for dims

Fillet welds at base of steel post to
steel c-channel stringer below –
grind all visible smooth

C12x20.7 stringer

Edge of stainless steel trim with
#10 square drive flat head
fasteners

Steel tabs to accept thru fasteners

1/4"x1" stainless steel trim with #10
square drive flat head fasteners

2"x11"x4'-6" typical uon poured
concrete treads with rubber tops

Steel filler cont. welded to
channel, bondo joint flush and
smooth
```

5

顶层留作大小会议之用，并使主要的设施如休息室，会议室和结构体系都集中在"中枢"周围。"中枢"沿一直线从底层门厅延伸到最高层楼板，支撑结构集中在它的周边。

机房四周并不完全封闭，它通过向外拉伸并悬挑在主入口门厅上空的方式与"中枢"连接在一起。

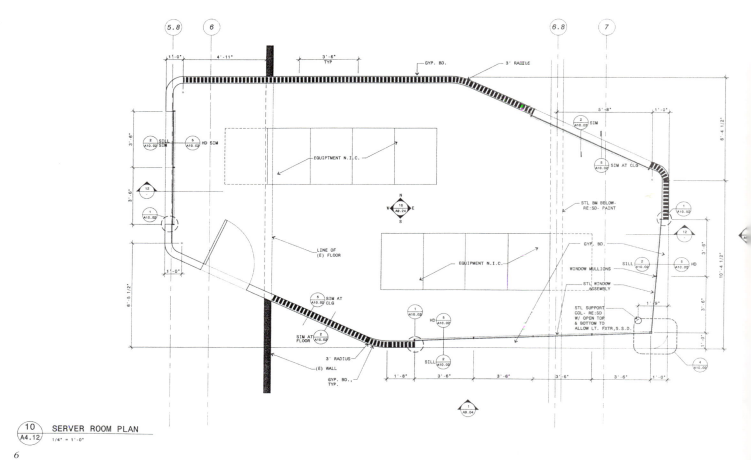

10 SERVER ROOM PLAN
A4.12 1/4" = 1'-0"

6

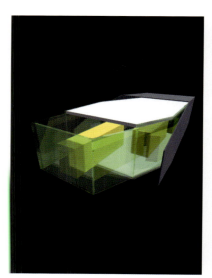

7

6 机房平面
7 机房分析
对面图：
　　上方有悬挑机房的入口

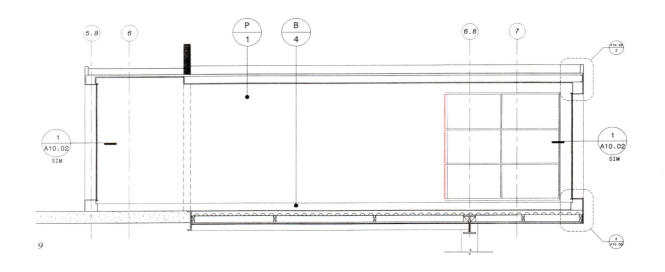

9 机房剖面
10 带定制接待台的接待处，上方有机房

对面图：
从上方看悬有机房的主入口
摄影：Michael O'Callahan

TWIN-SKIN CLADDING
POLYMER ENGINEERING CENTRE, KANGAN BATMAN TAFE, BROADMEADOWS, VICTORIA, AUSTRALIA
Cox Sanderson Ness

双层表皮外墙
澳大利亚，维多利亚，大草原，波利默工程中心，坎加·巴特曼 Tafe
Cox 集团（悉尼）

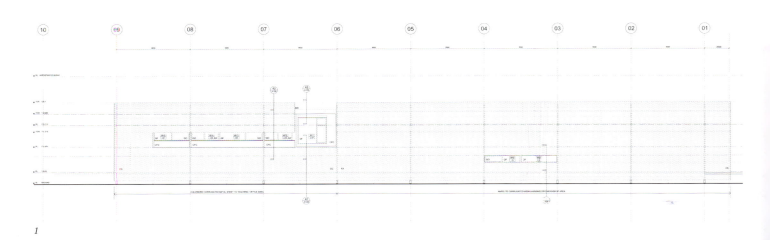

1

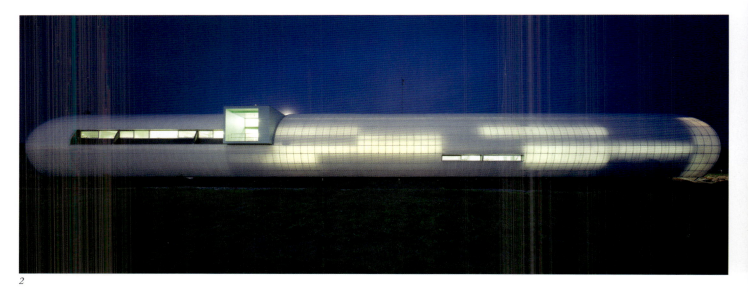

2

1　西立面
2　波利默立面夜景
3　黄昏时的 Tafe
4　表皮与结构分析

　　波利默工程中心的设计是一个模拟的塑料加工工厂，包括热塑过程和循环技术，并配有为职员和业务培训使用的实验室、会议室和多媒体多功能厅。

　　方案的设计借鉴了塑料挤压成型的技术过程，将一些塑料加工厂中使用的挤压技术所使用的截面放大，形成建筑尺度的截面，这个形态不仅用在窗户与装饰面板上，而且在80m长的建筑中作为结构断面形式一再重复。

　　从校园很远的地方就可以看见这个白色管状形体在斜坡形基地上非常显眼。建筑物有两层高，表面肌理由大块的塑料组成，它激发人们产生一种未来主义的轻盈、可塑的幻想，同时又产生稍纵即逝的感觉。

　　双层表皮的外层能调控温度，为建筑环境的改善起到积极作用提供了一种轻型保温的途径，减少了热桥和直接热辐射带来的热量损失。

　　最终的设计方案既可以提高能源的利用

60

3

率，又能在冬夏两季都降低使用周期的成本。

　　两层的塑料表皮间充满空气，夏季迫使空气致冷，对建筑进行降温，而冬季又利用日照加热储存在其中的空气，进行保温。

　　通透的材料使工作间中可以照射到自然光，从而成为一个充满活力的场所，同学们都喜欢在这里工作。

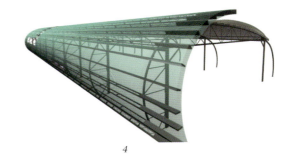

4

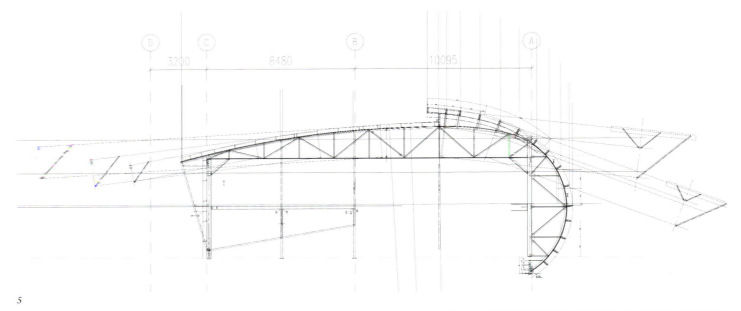

5

6

5 剖面
6 东北立面
7 外表皮的细部
8 南立面
摄影：Ｄanna Snape

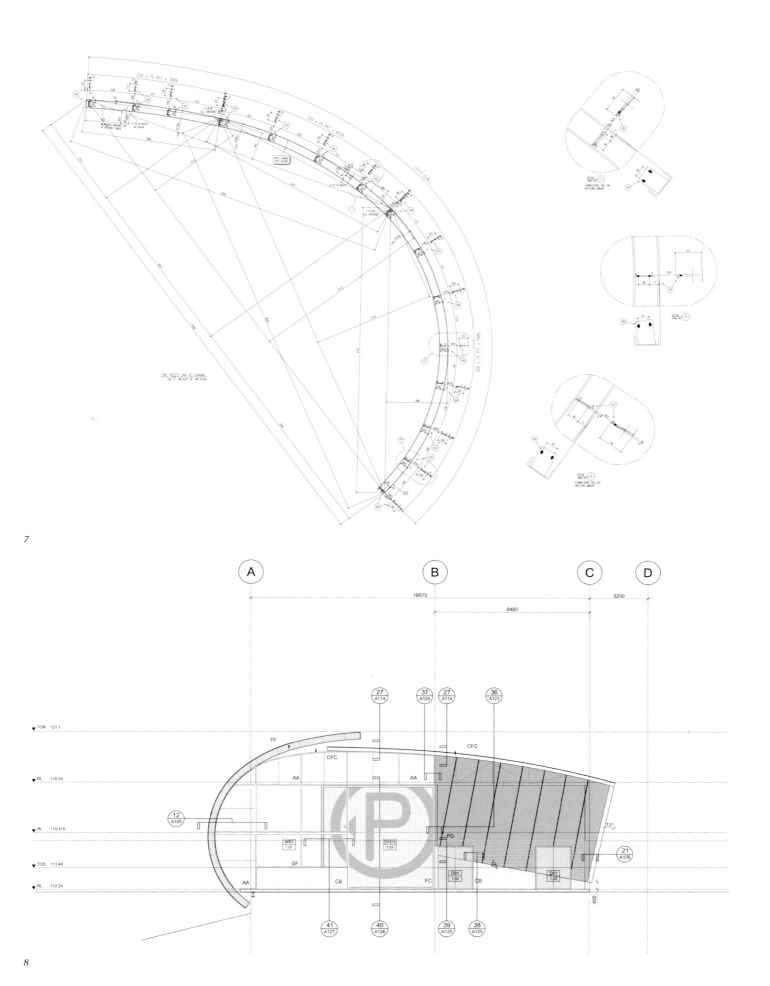

THREE-DIMENSIONAL ROOF
NATIONAL WINE CENTRE, ADELAIDE, SOUTH AUSTRALIA, AUSTRALIA
Cox Grieve

三维屋顶

澳大利亚，南澳大利亚州，阿德莱德，国家酿酒中心
考克斯·格里元（悉尼）

1

1 帽厅
2 三维屋顶
3 横剖面

    澳大利亚国家酿酒中心是澳大利亚酿酒业中技术全面性方面的佼佼者，他们掌握着各种酿酒方法，从传统工艺到最新科技应有尽有。这种传统与现代兼收并蓄的特点最突出地体现在帽厅中的斜格架屋顶上，它将几乎是家用尺度的木构件与预应力不锈钢索相结合，形成一个壳体结构。

    这个 600m² 帽厅的屋顶跨度有 13m，其平面与剖面都是弧形的。主要的目的是创造一种"4×2"的结构体系，这种体系依赖于简单容易得到的肯宁南洋杉木，有着易处理的标准化的截面和长度，以及容易安装的连接件。

    木制斜格架建成了一个非常坚固的壳状体系。铺在格式网架结构的顶的胶合望板既是顶棚板又是防止变形的压层，同时还在镀锌屋面下形成统一的背景。胶合板的作用很多，比如可以降低整个组装屋顶的造价就是其中之一。

    设计利用材料本身的特点来体现建筑的

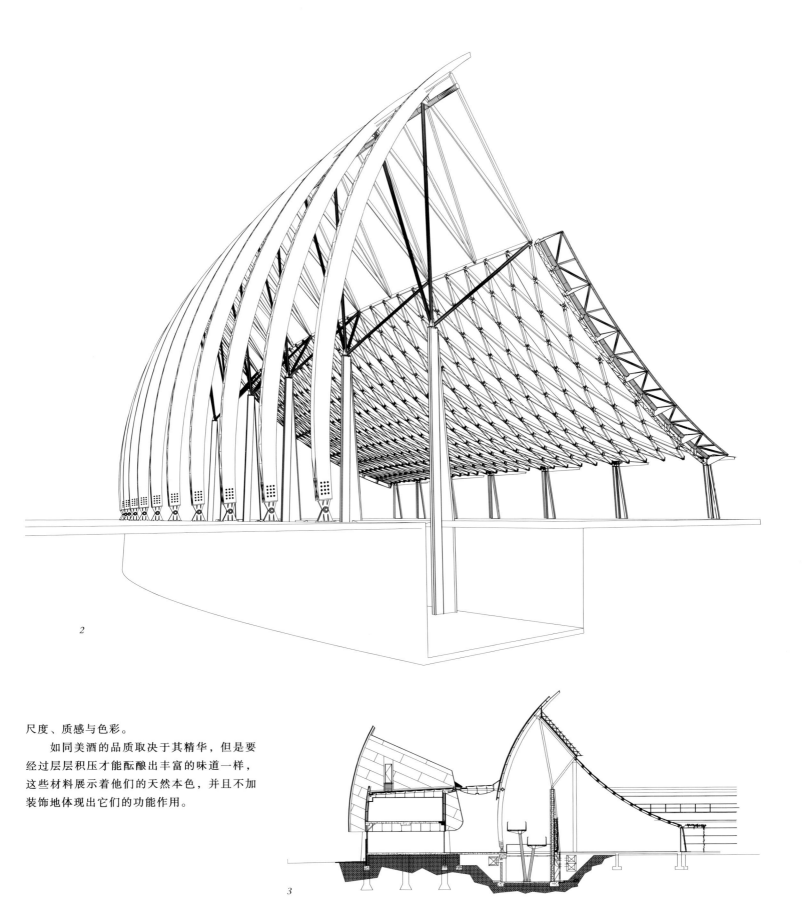

尺度、质感与色彩。

如同美酒的品质取决于其精华，但是要经过层层积压才能酝酿出丰富的味道一样，这些材料展示着他们的天然本色，并且不加装饰地体现出它们的功能作用。

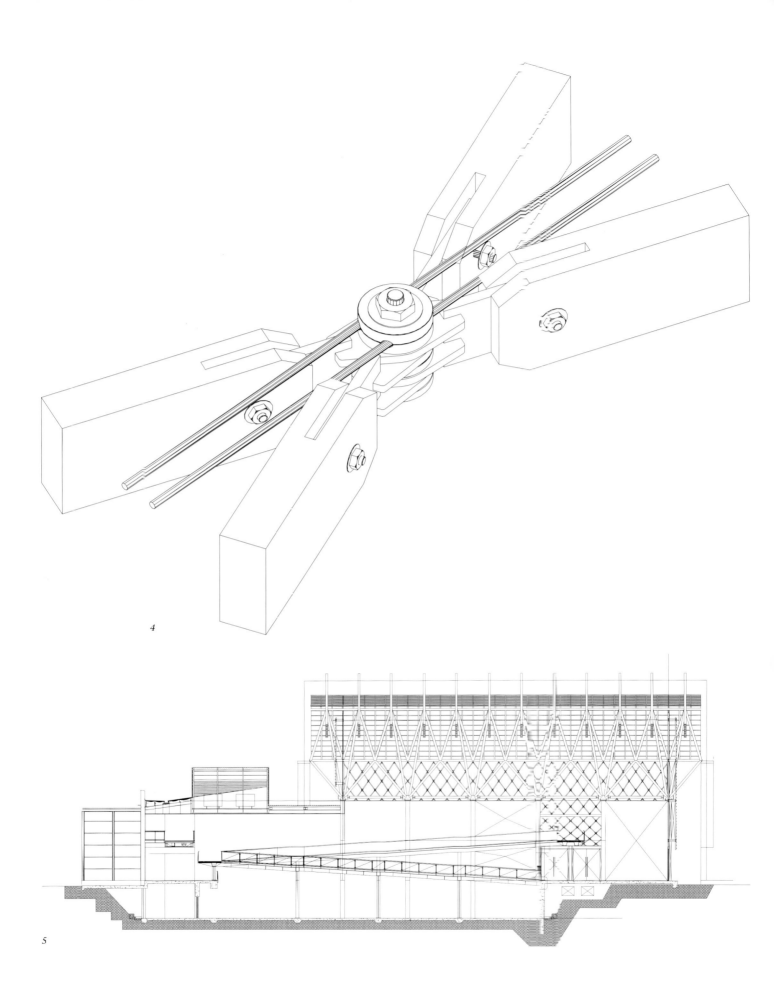

4

5

66

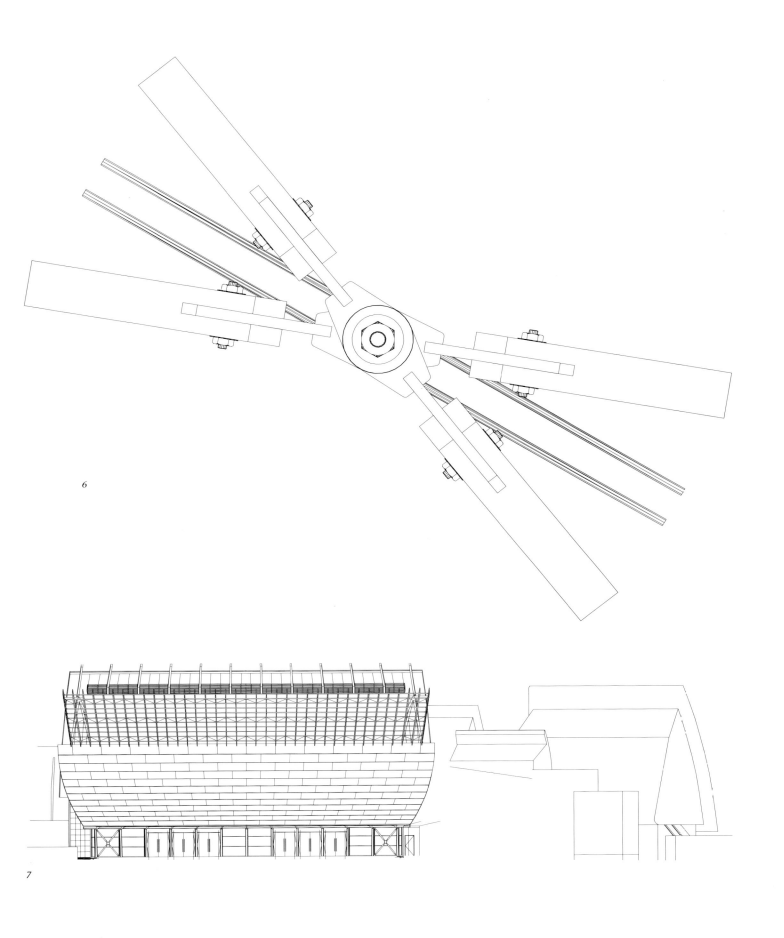

4 和6接合处细部
5 横剖面
8 西北立面
摄影：Trevor Fox

BIFOLDING VERTICAL SLIDING DOORS
ALUMBRERA RESIDENCE, MUSTIQUE, ST VINCENT AND THE GRENADINES, WEST INDIES
Diamond and Schmitt Architects Incorporated

双折垂直推拉门
西印度群岛，文森特和格林纳丁斯群岛，马斯蒂克岛，阿隆布雷拉住宅
戴蒙德和施米特建筑师公司（加拿大，多伦多）

1

该住宅位于西印度群岛中的一个私人拥有的岛屿——马斯蒂克岛。这个730公顷的岛屿已被开发为世界上最独特的游览胜地之一，完全开发后它将拥有不超过100座的别墅和一个小型旅馆。

这栋住宅是有五个卧室的建筑综合体，占地800m²。它被组织成一系列的亭台和娱乐设施，由景园和台地串连起来，设计充分利用了山顶基址所具有的景观与主导风向优势。带大型餐饮娱乐空间的起居室及卧室、客人房、厨房等许多独立的单元都围绕一个中心台地布置。

住宅充分利用了优美的环境，创造出一个户外的生活模式，同时又保证了它奢华的分割方式与私密性。

这个"户外"理念的核心是安装在中央起居空间中的双折垂直门。在热带，房间内需要有持续的微风吹过以保持清凉，而百叶

1 起居空间——百叶门
2 细部剖面
3 关闭状态的百叶门

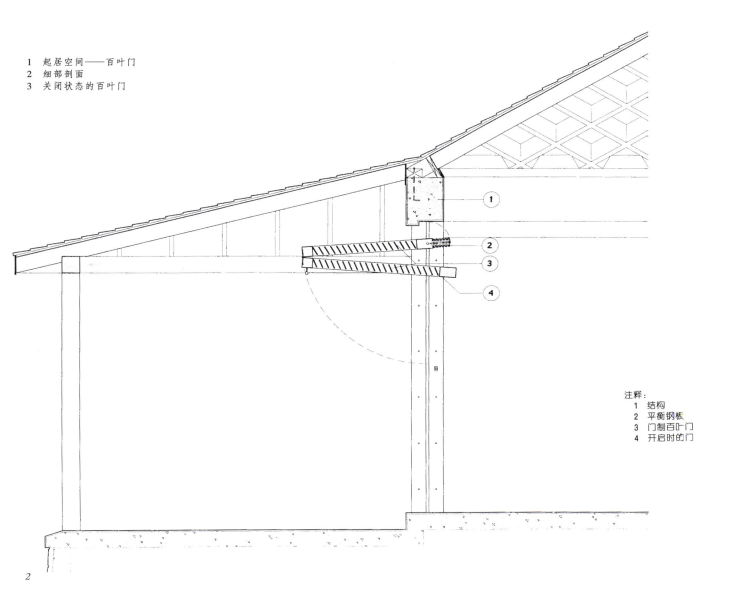

注释：
1 结构
2 平衡钢板
3 木制百叶门
4 开启时的门

2

门可以在开与关的状态下都满足这种需要。

门的灵活构造使它们既可以作为门，又可以作为墙体。开启方式使它们不会妨碍家具的布置，当门升起时，他们有效地降低了走廊顶棚的高度，形成一个更加亲切的环境。

在这个缺少维修工的岛上，这种装配式的低技派设计方案给维护带来方便。

3

4 开敞与关闭状态的百叶门
5 起居空间室内
6 带围廊的起居室
7 木作细部
摄影：Steven Evans

4

5

6

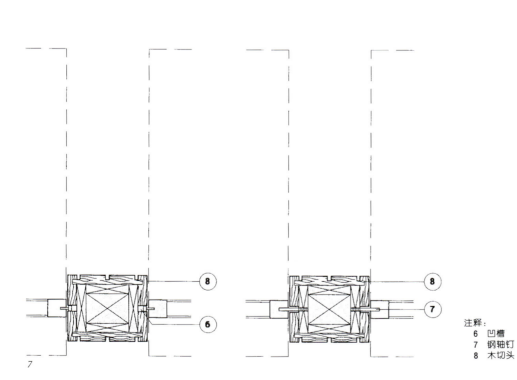
7

注释:
6 凹槽
7 钢轴钉
8 木切头

71

BANQUETTE AND DECORATIVE SCREEN
THE ROSEWOOD HOTEL AND ROSEWOOD RESTAURANTS @ AL FAISALIAH COMPLEX, RIYADH, SAUDI ARABIA
Architectural Interior Designer: DiLeonardo International, Inc.

餐厅长条软凳与装饰屏风

沙特阿拉伯，利雅得，奥尔费萨尔拉，罗斯伍德宾馆和罗斯伍德饭店
室内设计：迪莱昂纳多国际公司（美国，沃威克）

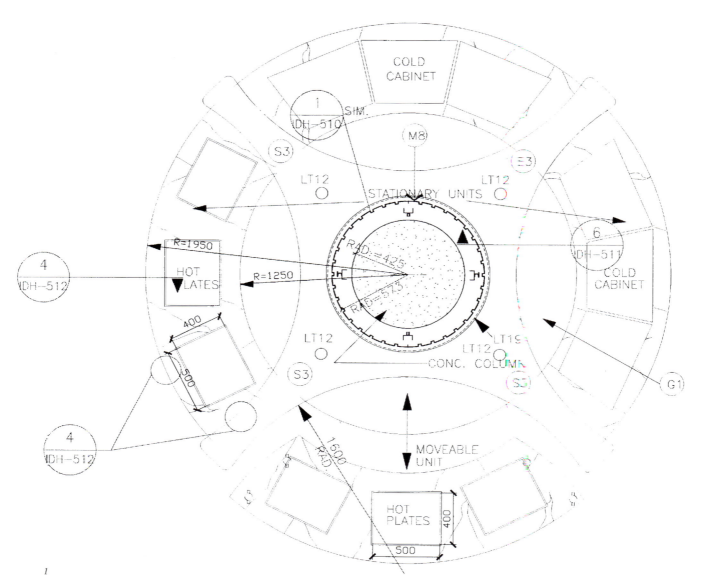

1

　　奥尔费萨尔拉宾馆是达拉斯罗斯伍德旅游宾馆的分店，在它的许多就餐空间中都体现了一种精美的饮食文化传统。

　　设计人员面临的挑战是：如何将罗斯伍德这个名字所具有的古典式的优雅与饭店发展所体现的时代感结合起来。豪华、明快以及对细部的关注体现在工程的每一个层面。

　　"克里斯托"饭店曾经被誉为利雅得最顶尖的饭店之一。饭店中的独特造型是：结构柱外面包有巴西桃花芯木贴面，贴面向两端微微倾斜，这个造型在分割座位的大型镶嵌压铸玻璃的装饰屏另一侧同样使用。

　　长凳的设计是为了在大型开放式平面中创造出一种私密的感觉，每一组长凳都围绕着一根带有槽纹青铜柱设置，允许四组熟识的人使用。

1 自助餐平台
2 可以在大型开放式平面中形成私密感的长凳设计，每一条长凳都围绕一根槽纹青铜柱设置，允许四组熟识的人使用
3 自助餐台立面
4 自助餐台剖面

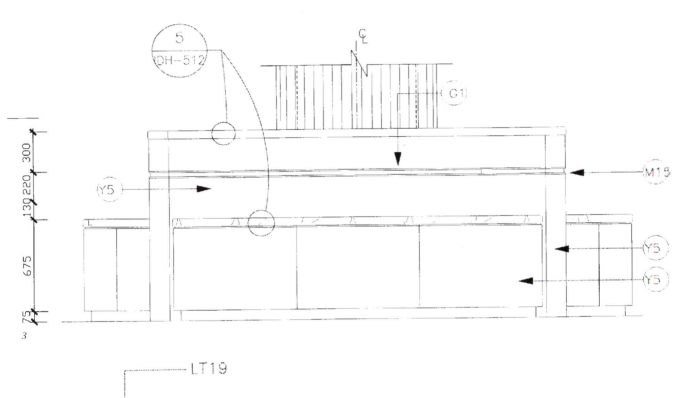

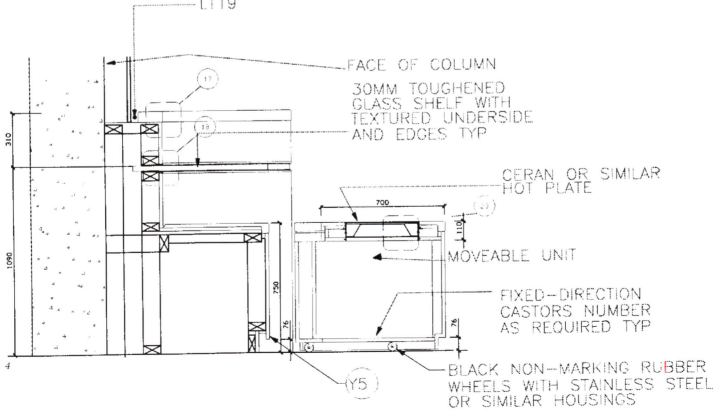

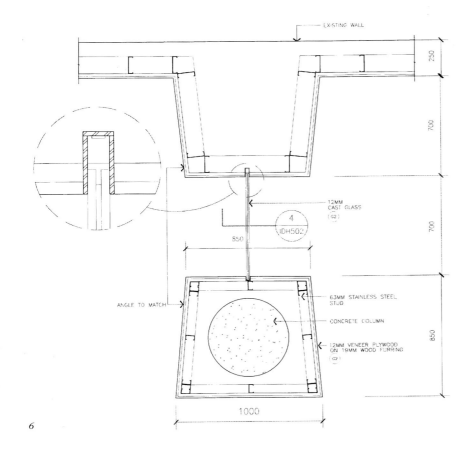

对面图：
用巴西桃花芯木装饰的结构柱饰面向两端微倾，在镶嵌于两柱中的压铸玻璃上，在座席组团中形成视觉屏障，在屏障的另一面是这种同样的形式
6 装饰屏风与柱的平面
8 立面
摄影：Mike Wilson

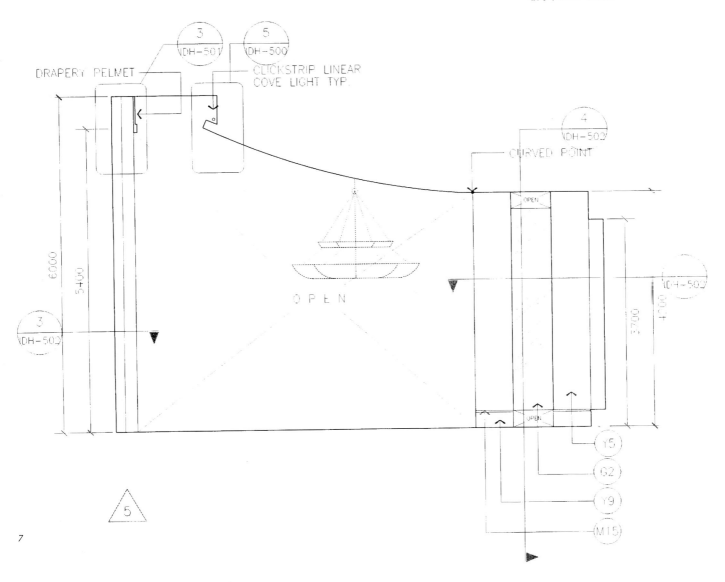

GUEST CORRIDOR, MONUMENTAL STAIR AND REGISTRATION DESK
THE ROSEWOOD HOTEL AND ROSEWOOD RESTAURANTS @ AL FAISALIAH COMPLEX, RIYADH, SAUDI ARABIA
Architectural Interior Designer: DiLeonardo International, Inc.

客房走道、主楼梯与服务台
沙特阿拉伯，利雅得，奥尔费萨尔拉建筑综合体，罗斯伍德宾馆和罗斯伍德旅馆
室内设计：迪莱昂纳多国际公司（美国，沃威克）

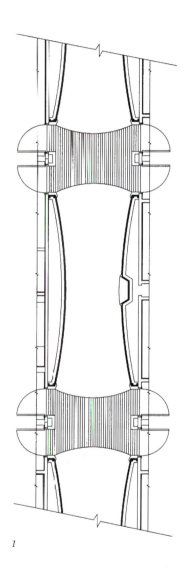

1

2

奥尔费萨尔拉综合体设计的核心理念是将许多天才设想结合起来，形成优势互补。其结果是创造出了一系列衔接完整的流动空间，与那些巧妙地重复出现的造型元素相结合，塑造了其身的形式。

这座宜人建筑的精致明显地体现在材料丰富组合技巧上。精加工的深色木材与稍不规则的暖色石灰石相组合。墙体包裹着空间，形成这一建筑内部空间的衬里。源于建筑自身形体的椭圆形在许多空间中被不断重复使用。

客房走道与客房一样有明显的连续性。椭圆形使走道呈波浪型，不仅增加了空间层次还减少了视觉长度。

1　标准走道平面
2　椭圆形的客房走道缩短了视觉长度，还可以形成装饰壁龛，在客房入口处形成单块完整的图案。顶棚的暗槽灯照亮入口空间
3　标准走道立面
4和6　走道墙体细部
7　走道坐椅扶手细部

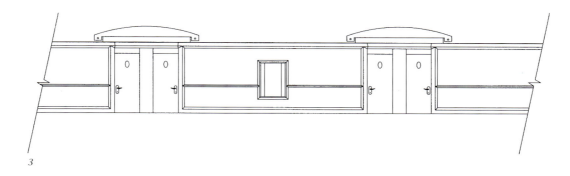

3

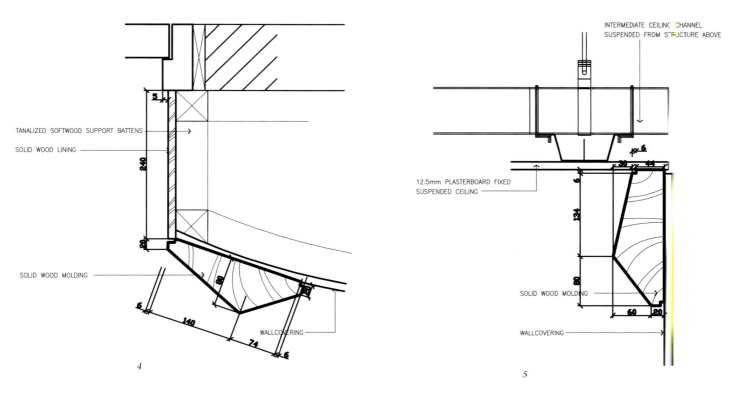

4

5

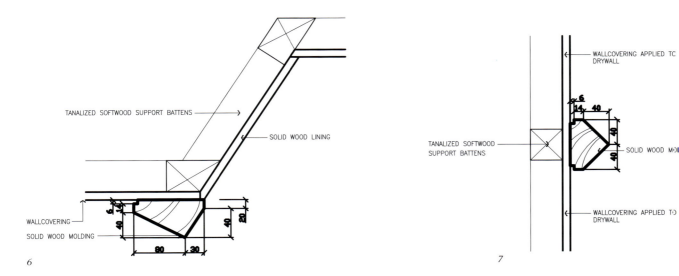

6

7

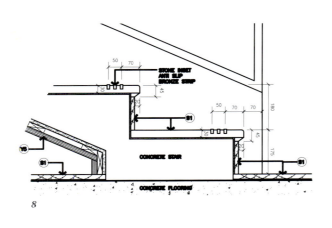
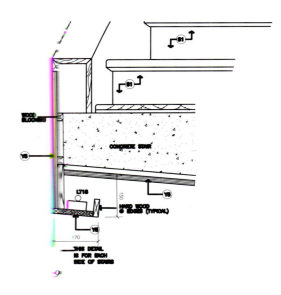
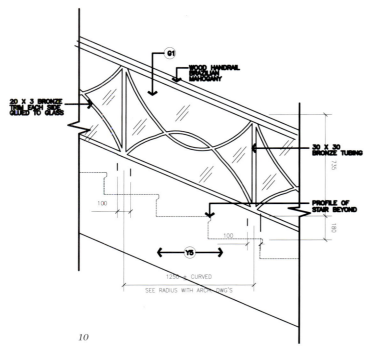
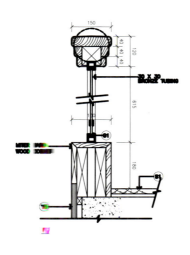
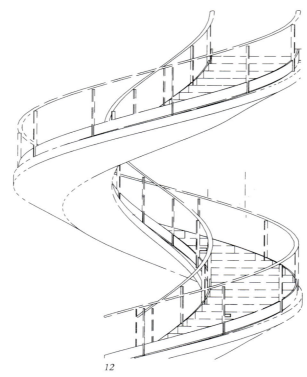
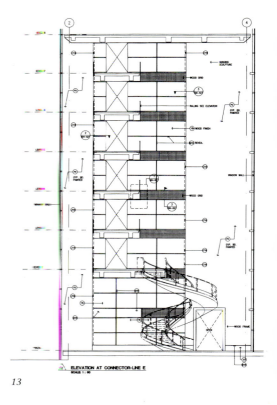

8　中庭楼梯踏步剖面
9　中庭剖面
10　楼梯立面
11　中庭的围栏细部
12　楼梯方案
13　楼梯衔接部分立面
14　楼梯

14

　　巴西桃花芯木是整个饭店中的通用木材，它与青铜管一起做成中庭楼梯的扶手栏杆。

　　这个用葡萄牙石灰石贴面的主楼梯位于一个8层的中庭中，每一个踏步上都有青铜防滑条，连续的楼梯底面用桃花芯木装饰并从两侧打光，楼梯扶手是用钢化玻璃与青铜构件组装的。

　　大堂服务台采用了由黑色花岗石、磨砂玻璃、青铜和胶合板产生了富丽堂皇的效果。

15 由巴西桃花芯木、青铜和上射光照亮的磨砂玻璃共同制成的大堂服务台，像高层建筑中的鳍状肋骨勾画出大堂服务台的外轮廓
16 大堂服务台的平面
17 大堂服务台背立面
18 和 19 剖面
摄影：Mike Wilson

15

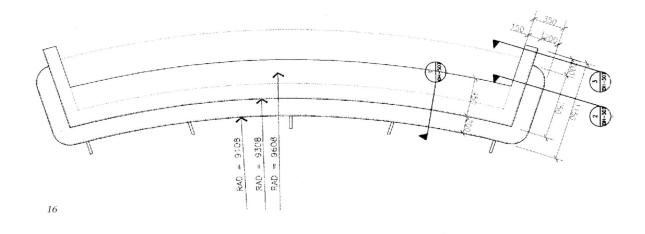

16

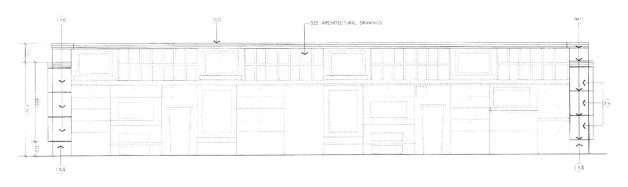

17

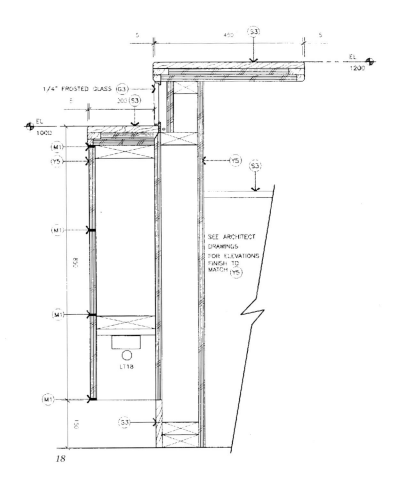

18

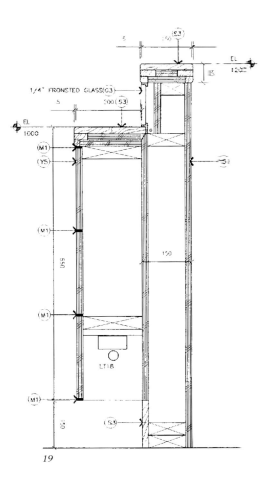

19

81

SPA WATERWALL
THE ROSEWOOD HOTEL AND ROSEWOOD RESTAURANTS @ AL FAISALIAH COMPLEX, RIYADH, SAUDI ARABIA
Architectural Interior Designer: DiLeonardo International, Inc.

温泉水墙

沙特阿拉伯，利雅得，奥尔费萨尔拉建筑综合体，罗斯伍德宾馆和罗斯伍德饭店
室内设计：迪莱昂纳多国际公司(美国，沃威克)

1

　　这个环境宜人的建筑综合体是一个成熟而现代的范例。设计通过手法使室内空间与建筑本身都具有和谐性与连续性。

　　设计者面临的挑战是如何将罗斯伍德名字中具有的古典式的优雅与这个开发项目所体现的时代感结合起来。在工程的每一个部分都渗透着华丽，这一点从整个工程中对细节的关注就可以看出来。

　　温泉水墙不仅仅是奥尔费萨尔拉建筑综合体的整体形象某一个象征。它还是让客人和居住者体验这种优雅的和温泉固有的特质所带来的享受面金径。

　　温泉水墙形成一种视听效果。压铸玻璃瓷砖安装在许多不同的平面上，从背后用灯光照亮，无论人主水面上部或下部都能够感觉到温泉水墙。整体效果充满了美感，使人感到永恒。

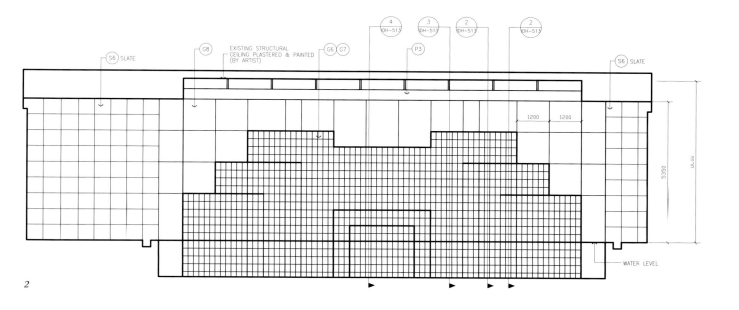

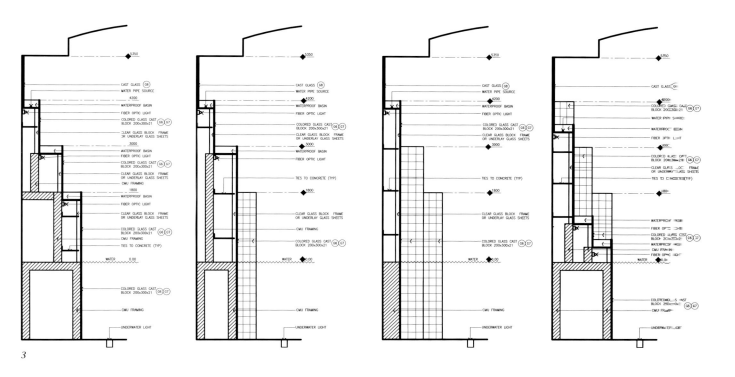

1 压铸玻璃砖安装在许多不同的平面上,从背后用灯光照亮,从每一边落下的水瀑,形成视听感受。无论人在水面上部或下部都能够感觉到拼块
2 温泉水墙立面
3 剖面
摄影:Mike Wilson

GLASS DOME
JEFFERSON COUNTY COURTS AND ADMINISTRATION BUILDING, GOLDEN, COLORADO, USA
Fentress Bradburn Architects

玻璃穹顶
美国，科罗拉多州，戈尔登，杰斐逊县政府与行政大楼
芬特雷斯·布拉德伯恩建筑师事务所（丹佛）

1

2

杰斐逊县政府与行政大楼的设计目的是：创造一个标志性建筑使其作为社区的核心，恢复县政府所在地的主导地位，在平面布置上将两个主要功能区分别设在两个独立的弧形建筑体中，用一个38m高的玻璃圆厅将这两个建筑体连接起来。

县政府官员们希望办公楼的设计体现出一种永恒的特征，这种特征通过在建筑中庭上加一个玻璃穹顶来部分地实现。穹顶与圆厅的东西玻璃立面都象征了开放而且平易近人的政府风貌。

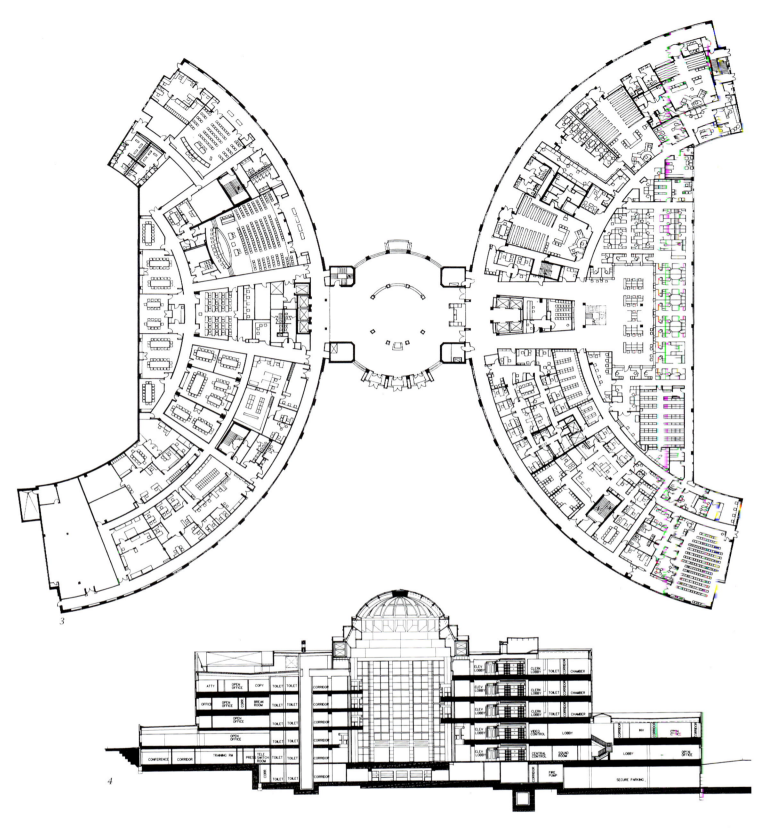

理查德·魏因加特结构公司的结构工程师创造出箱型桁架在圆形平面上的新用法。这个环形桁架首创了用筒状结构做水平受力环的方法，它能同时抵抗竖向和穹顶产生的侧推力。这个环形桁架仅仅由四个实体墩来支撑，简支搁置，可以脱离邻近的两翼自由移动。

1 建筑夜景
2 日出时的圆厅，展示了立面与穹顶的通透性
3 圆厅与两个弧形翼相连。县行政部门与议院在左侧，县法院在右侧
4 建筑剖面

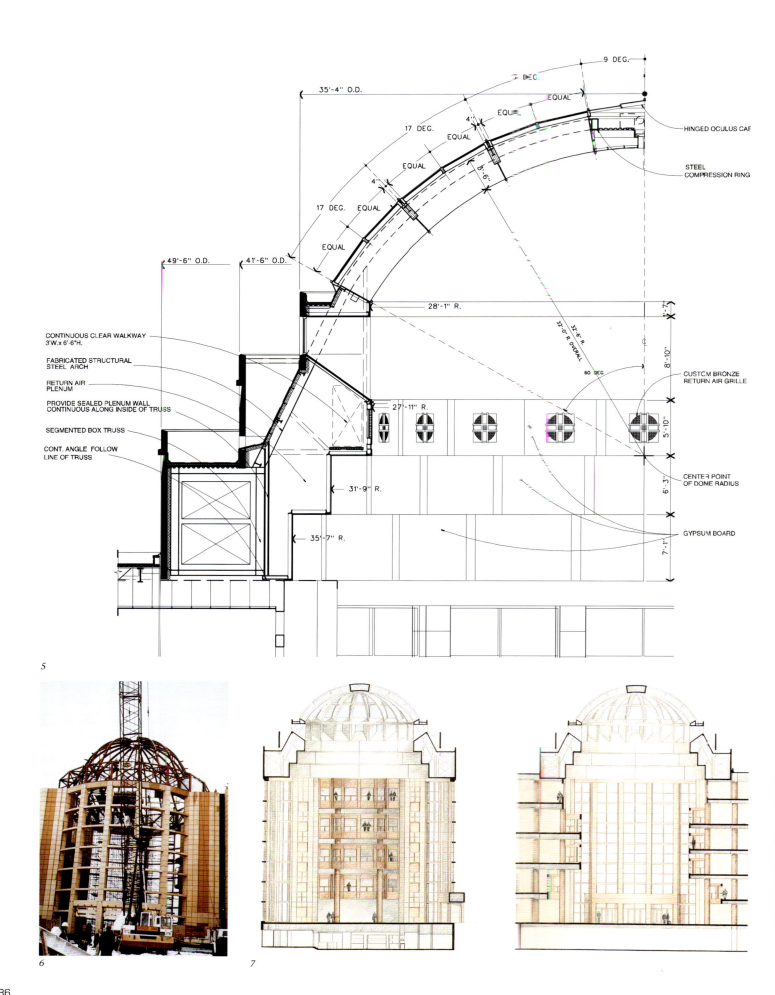

5
6
7

8

桁架做成环形后不仅增加了它的刚度和强度，而且可以使穹顶的重量均匀地分布在环上，以防止桁架环向内变形。一个矩形桁架内有水平斜撑的地方，在这个张拉环桁架中却可以保持中空以铺设管道。穹顶上端的回风可以通过穹顶下定制的青铜格架输送到管道中。

为了使外立面形成玻璃"帽子"的效果，穹顶的肋架都设在内部。一个定制的洗窗机工作台在穹顶下侧清洗玻璃。

5　玻璃穹顶剖面
6　施工照片，展示在中庭顶上受力的张立环形桁架
7　穹顶的两个立面
8　设计概念，中庭与穹顶的内部

对面图：
从中庭地面看有肋架的穹顶，穹顶下的圆环上可以看见用于回风的装饰格栅
10 穹顶的结构资料图
11 从地面看有玻璃穹顶的中庭室内
12 改进了的穹顶结构削减了所有的位移，图片展示了箱形桁架存在的问题与环形桁架相应的解决方法
摄影：Nick Merrick, Hedrich-Blessing(1, 10, 11); Ron Johnson(2)

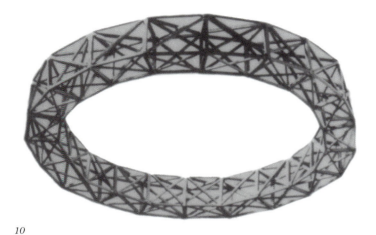

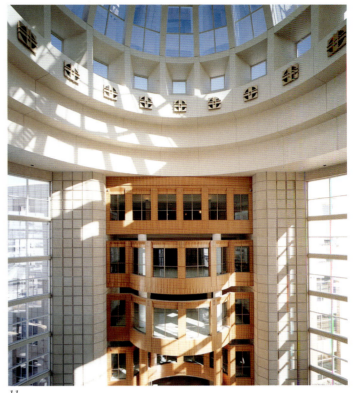

10

11

PROBLEM

Two-dimensional tube structure allows rotation

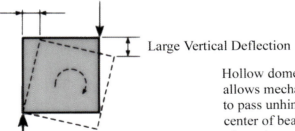

Horizontal Movement

Weight of Dome & Snow Loads (at inside face of tube)

Large Vertical Deflection

Support (at outside face of tube)

SOLUTION

Three-dimensional circular tube ring prevents rotation.

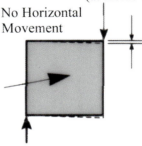

Weight of Dome & Snow Loads (at inside face of tube)

No Horizontal Movement

Less than 1/8 inch Vertical Deflection

Hollow dome support beam allows mechanical ductwork to pass unhindered through center of beam. Elimination of rotation prevents damage to mechanical ductwork.

Support (at outside face of tube)

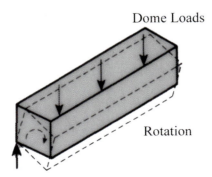

Dome Loads

Rotation

Supports (at only four locations)

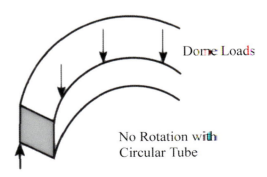

Dome Loads

No Rotation with Circular Tube

Supports (at only four locations)

12

SPHERES
JEFFERSON COUNTY COURTS AND ADMINISTRATION BUILDING, GOLDEN, COLORADO, USA
Fentress Bradburn Architects

装饰球
美国，科罗拉多州，戈尔登，杰斐逊县政府与行政大楼
芬特雷斯·布拉德伯恩建筑师事务所（丹佛）

1

1　连接两个弧形翼的穹顶，每一边都有装饰球
2　球体的结构图
3　带球体柱墩的近景

杰斐逊的县政府与行政大楼的设计目的是：创造一座标志性建筑，使其作为社区的核心，恢复县政府所在地的主导地位。在平面布置上将两个主要功能分别设在两个独立的弧形建筑体中，用一个38m高的玻璃圆厅将这两个建筑体连接起来。

县政府官员探寻一个永恒的设计，县政府大院中的其他圆形建筑和谐一致。

在设计要素中，装饰球是使大楼具有庄严、正式气氛的设计元素，这些球体使得支撑着圆厅玻璃穹顶的四根柱墩的收头显得优

雅美观。与圆厅的穹顶一样，被环绕的球体是一种历史上使用的符号，它常被用来引发对于丰富的想像和象征人民的意愿。

每一个球体都支撑在圆厅内四个预制柱墩顶部的弧形钢托架上。每一个球体的中部都环绕着预制的工字钢弧形梁，因此看上去好像是两个金属环环绕着。金属环板是由四块金属片支撑的，其中三块支撑在柱墩上，另一块焊接在嵌于柱墩立面上并向外斜出一定角度的金属片上。

尽管造价削减了，但是建筑师在材料运

90

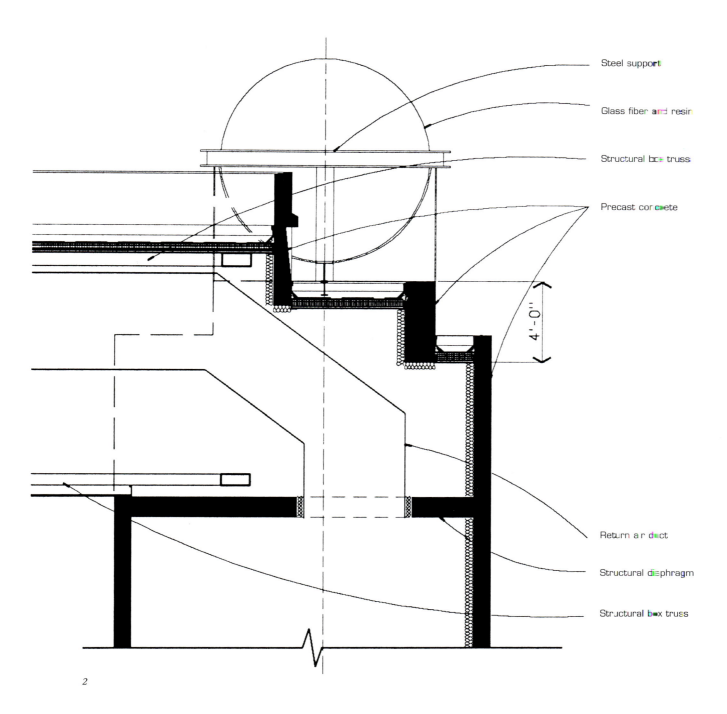

Steel support

Glass fiber and resin

Structural box truss

Precast concrete

4'-0"

Return air duct

Structural diaphragm

Structural box truss

2

用方面的创新使得球体在整个设计过程中得以保留下来。每一个球体都是带树脂外壳的中空玻璃纤维体，表面用自喷漆喷成青铜色。

3

对面图：
圆厅，每一边都带有装饰球的柱墩
5 球体的构造图
摄影：Nick Merrick，Hedrich-Blessing

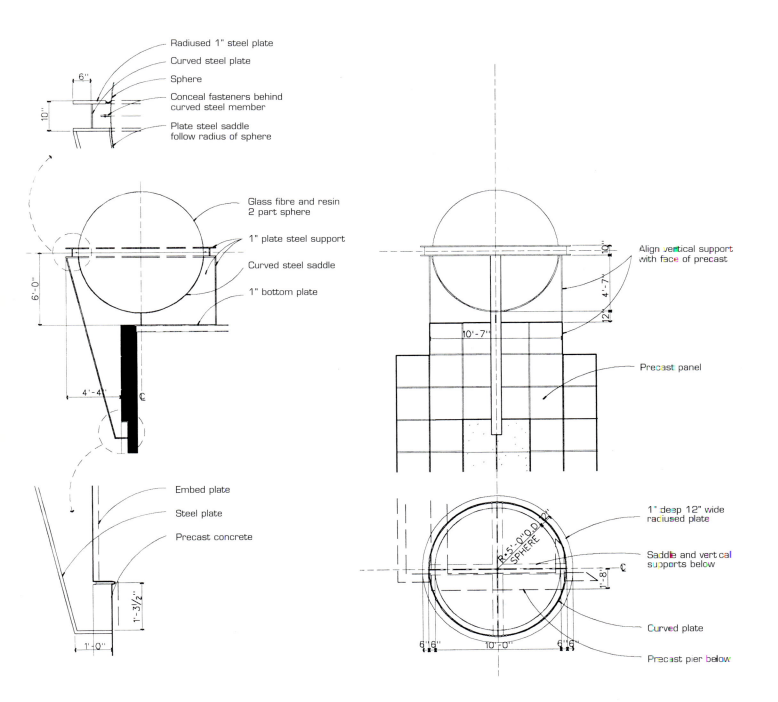

GLAZED ATRIUM ROOF
BRITISH LIBRARY OF POLITICAL AND ECONOMIC SCIENCE, LONDON SCHOOL OF ECONOMICS LONDON, UK
Foster and Partners

中庭的玻璃屋顶
英国，伦敦，伦敦经济学院，英国政治与经济学图书馆
福斯特及合伙人事务所（伦敦）

1

伦敦经济与政治科学院拥有世界上最大并且最重要的社会科学图书馆。图书馆建筑的扩建，通过提高环境标准、提供500个额外的学生工作空间、建立学校科研中心，以满足学院将来收藏维护400万册书使用的需要。

建于1914年的莱昂内尔·罗宾斯大楼从1973年开始用于图书馆。改建尽管重新设置了开窗位置，但是仍然保留了基本的建筑结构，保持了立面的完整。

扩建中拆除了内部采光天井周边的立面，楼层延伸后环绕成一个圆柱形空间，形成了一个中庭。这使得楼层面积得到增加，交通状况改善，并使阳光可以进入到建筑的中心。中庭一直深入到地下层，容纳了一个螺旋坡道和一对玻璃电梯，是整个建筑的主要垂直交通体系。

中庭上空覆盖的穹顶上，有一个呈一定角度的玻璃切面，它可以让北部的光线射入，满足最大的日照深度而不产生炫光和太

1 圆柱形中庭的内景，展示了通向玻璃穹顶的玻璃电梯
2 书架和从中庭向外辐射的学习空间的室内景观
3 横剖面
4 概念草图

2

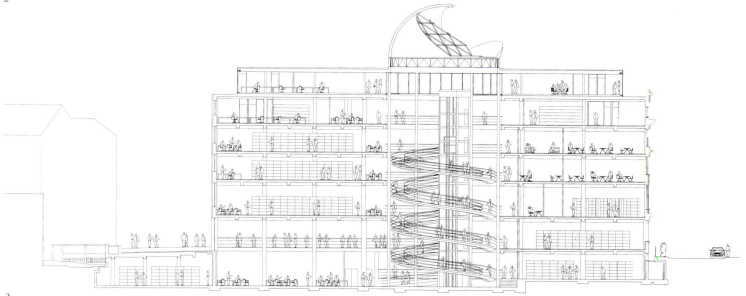
3

阳直射问题。穹顶对自然通风也有帮助：从图书馆外窗流入的空气在变热时上升，并从穹顶的玻璃风道中发散出去。

书架从中庭向外呈辐射状排列，形成明确清晰的走道空间。安静的学习空间沿每一层的周边设置。新加的第五层楼是研究中心，并设有独立的出入口。

4

对面图：
　　中庭内步行螺旋及壁庭
6　概念草图
7　穹顶剖面
摄影：Nigel Young

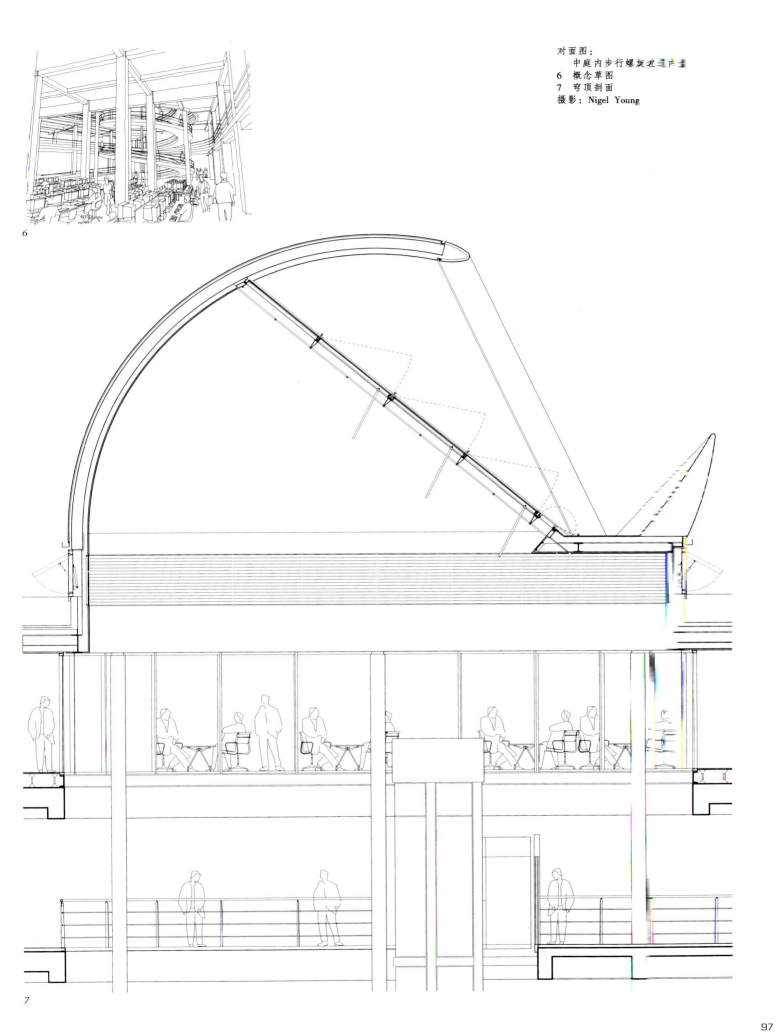

GLAZED CANOPY
QUEEN ELIZABETH II GREAT COURT AT THE BRITISH MUSEUM, LONDON, UK
Foster and Partners

玻璃天棚
英国，伦敦，大英博物馆，伊丽莎白二世女王中庭
福斯特及合伙人事务所（伦敦）

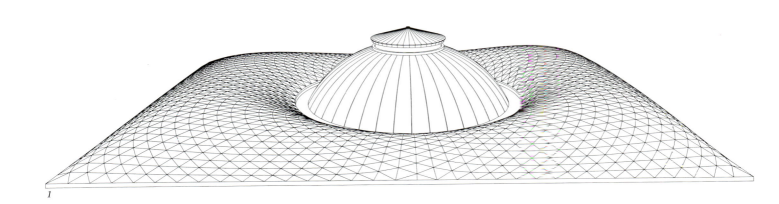

1

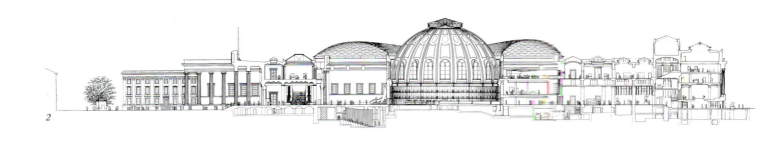

2

3

大英博物馆的中央庭院是在伦敦消失已久的空间之一。它本是一个露天花园，在19世纪竣工后不久，就在园中加建了一间圆形的装满书架的阅览室。博物馆失去了这个庭院空间仿佛一座城市失去了公园。本工程就是关于中庭的重新开发和使用。

大英博物馆每年要接待多达600万的参观者，这个数字远胜于巴黎的卢浮宫和纽约的大都会博物馆。由于缺乏一个集中的交通体系，如此多的人流使交通的拥挤达到了一个非常严峻的状态，给参观者造成了不良的印象。

1998年3月大英图书馆迁到圣潘卡拉斯，这为博物馆提供了重新启用中央庭院和更新设施的机会，使它能更好地满足未来的需求。清理掉杂乱无章地塞在庭院中的书架后，庭院成为大楼新的公共中心，同时，阅览室也重恢复并重新利用为一个信息中心和世界文化的图书馆。这个宏大的空间——穹顶比圣保罗教堂还大——在它的历史上第一次向公众开放了。

从博物馆的主要楼层可以进入这个大庭院，并与周边的所有的门廊都相连。在这个庭院中有信息处、一家书店和一家咖啡馆。

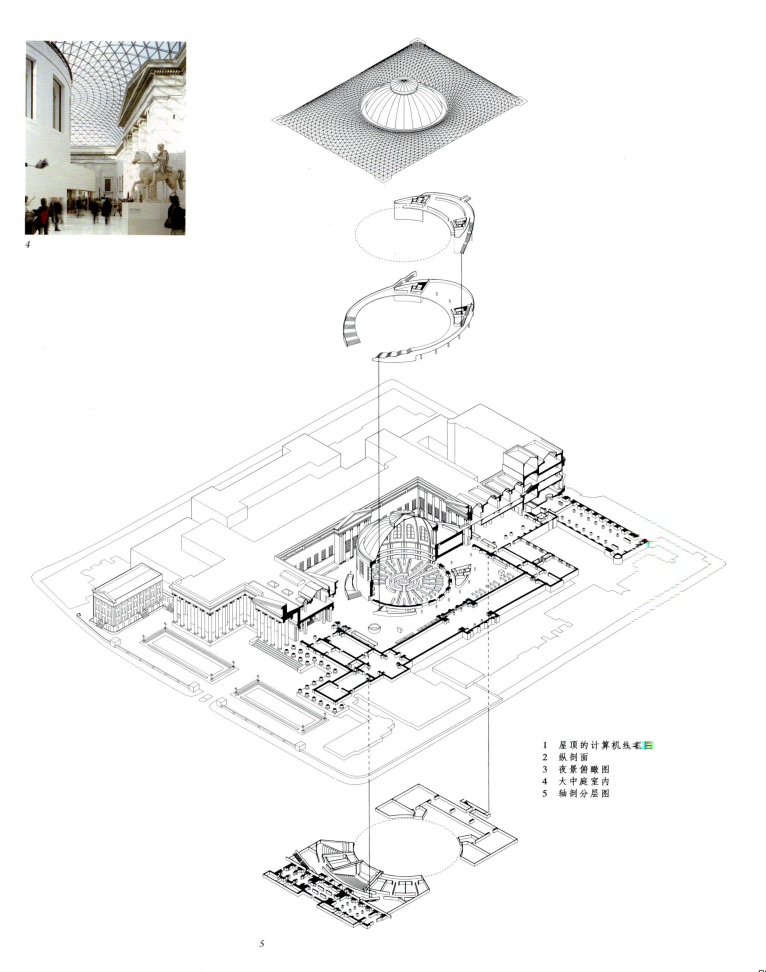

1 屋顶的计算机线老日
2 纵剖面
3 夜景俯瞰图
4 大中庭室内
5 轴剖分层图

对面图：向阅览室圆屋顶方向看到的
室内窗子细部
7　阅览室与大中庭的首层平面
8　大中庭和阅览室的全景

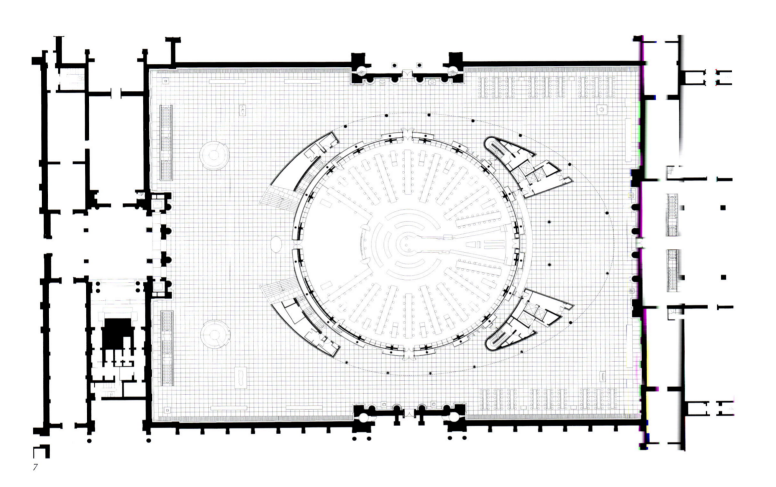
7

环绕着阅览室的两个宽大的楼梯通向两个卵形平面的夹层平台，一层是供短期展览用的画廊，上面一层是餐厅。庭院的下面是塞恩斯伯里非洲画廊与一个有两个礼堂的教育中心，还有为学生们服务的新设施。

设计的实现应当归功于玻璃天篷，它是艺术级的工程水平与经济适用的造型相结合的结果。天篷独特的三角形形体可以覆盖阅览室鼓形的边缘与重建的庭院立面之间不规则的空隙。钢网架壳体既是基本的建筑结构，又是安装玻璃的框架，它可以最大限度地利用日光而减少阳光直射。

大中庭是欧洲最大的室内公共空间。作为一个文化广场，它的新步行路线是从北部的大英图书馆到考文特花园与南部的河边。为了使大中庭设施更完备，博物馆的前院重建为一个新的公共空间并对车辆免费开放。从早到晚对外开放的大中庭与前院成为伦敦重要而精彩的公共场所。

8

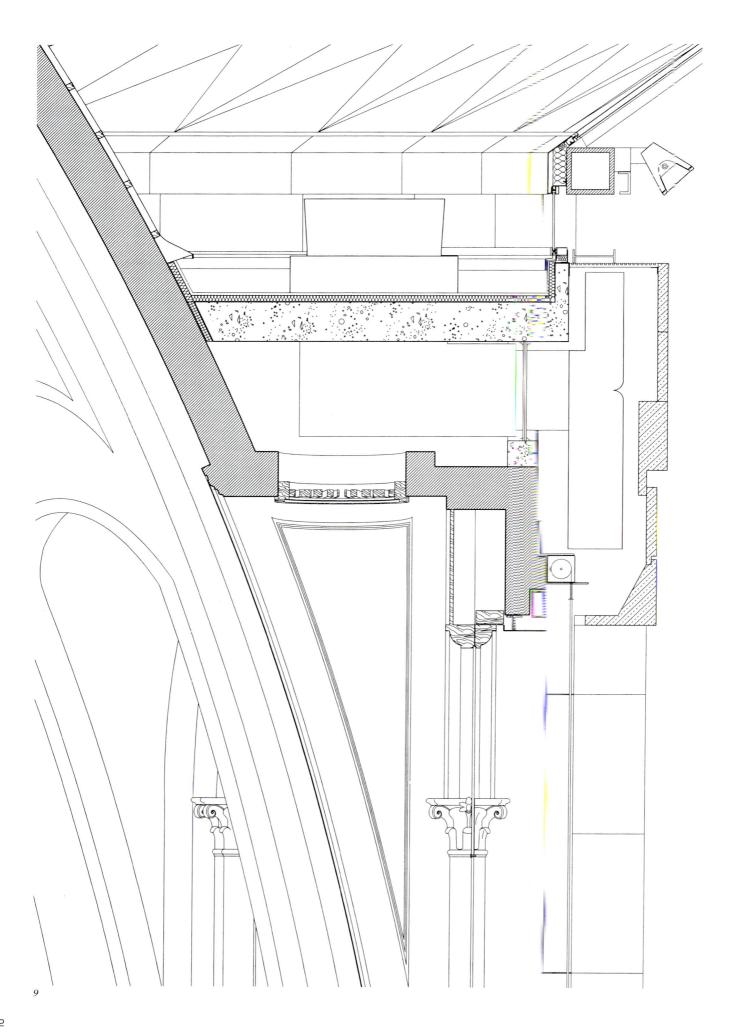

9　斯诺画廊细部构造
10　屋顶细部
11　南端内景
12　大中庭内景
13　大中庭夹层的室内细部

10

11

12

13

14 大中庭边墙的构造
对面图：
　　大中庭夜间内景
摄影：Nigel Young, Foster and Partners

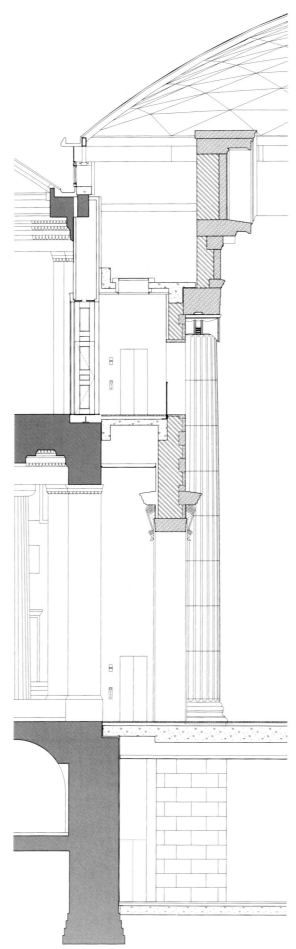

14

GLASS PANELS WITH STAINLESS STEEL SPIDER CONNECTIONS
AMERICAN BIBLE SOCIETY, NEW YORK, NEW YORK, USA
Fox & Fowle Architects

不锈钢十字支架连接的玻璃墙板
美国，纽约，美国圣经协会
福克斯和福尔建筑师事务所（纽约）

1

2

美国圣经协会原总部大楼是一座典型的20世纪60年代现代主义作品。建成时，它的基址从百老汇街向后退进，形成一个广场。现在，相邻的低层建筑都已被拆毁并建起高层，大楼淹没于大楼群中，黯然失色。

福克斯和福尔建筑设计公司的设计方案使大楼沿百老汇街的立面注入了新的活力，而且实现了以下的功能：向公众传递了协会的信息；使大楼、书店与画廊向公众敞开；恢复了室内工作空间的活力；更新系统，以达到节能和改善环境的目的。

4

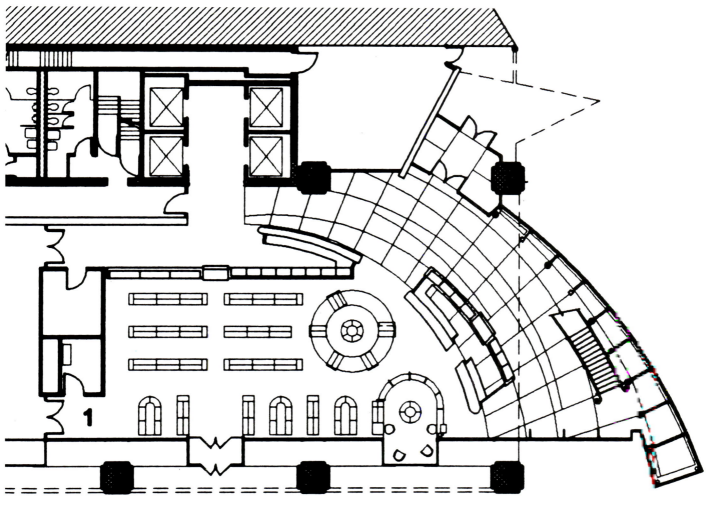

3

为了保持大楼原有的整体性，经仔细推敲后，一个生动的弧线形玻璃墙板从一层穿过，逐渐展开延伸到广场上。玻璃墙板由比例、形态都精心设计过的若干块玻璃组成，而玻璃是由不锈钢十字支架牢牢地连接在一起，这种做法在纽约还是首例。

在室外，协会的信息通过一个多屏幕视屏系统传递给公众，在外立面玻璃上还有用67种语言蚀刻的"起初"二字由协会出版，以及投射出的影像，所有这一切都和高科技的玻璃与钢结构融为一体，创造了一个有信息媒介作用的墙体。

夜间，精心设计的照明使这个墙板熠熠生辉，与弧形立面结合在一起的电视屏幕使它更显生动活跃。这个通透而明亮的体块很容易将过路者的目光引入室内空间，与其说它与后面厚重的建筑立面形成了对比，不如说是互补。

1 玻璃墙板的媒介墙和通向二层画廊的楼梯
2 玻璃墙板鸟瞰
3 首层平面
4 从室内看媒介墙和一字支架

107

5 玻璃墙板近景，展示与原有建筑的
  对比
对面图：
  十字支架近景
摄影：ⒸJeff Goldberg/Esto

5

TWO-PART ROOFING STRUCTURE
SEIBU DOME, TOKOROZAWA, JAPAN
Kajima Design

两部分组合式屋顶结构
日本，东京，所泽，靖武圆顶体育馆
鹿岛设计公司（东京）

1

1　完成后的室内
2 和 3　横剖面
4　屋顶平面
下页：
　　薄膜屋顶的升起安装

靖武圆顶体育馆 40000m² 的屋顶下要能覆盖一个原有的棒球场，并使其成为一个半室外的空间。

这个巨大的屋顶由两个截然不同的部分组成。观众席由一个环形金属屋顶结构覆盖，它具有高度绝缘性与良好的声学品质。赛场部分由一个单层的特氟隆（Teflon）薄膜覆盖，白天薄膜可以拉开，使赛场获得自然采光。

通风设计是这个两部分组合屋顶一大特点。圆顶的两部分交接处设有一个机械装置，它可以释放上层聚集起来的热空气。大屋顶的下面部分倾斜 5 度，并完全开敞以辅助空间的通风。

这个屋顶的建造用了两个淡季多的时间。第一个阶段先安装完成观众席上的金属环，特氟隆薄膜是在随后的一个淡季安装完成的。

两部分组合式屋顶的设计概念使屋顶的建造可以在不用打断正常的棒球比赛季的情况下进行，并证明了是满足多种设计需求的最佳解决方案。

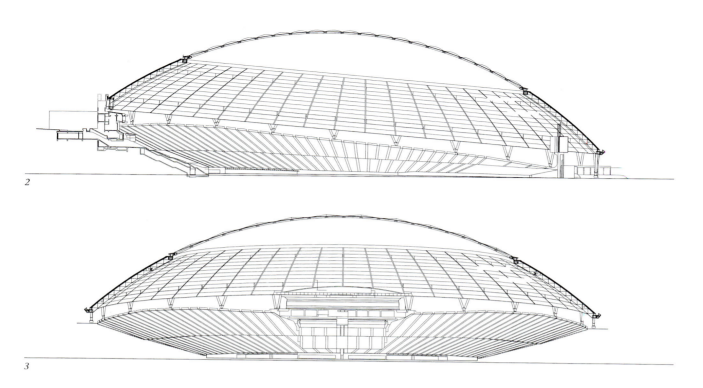

2
3

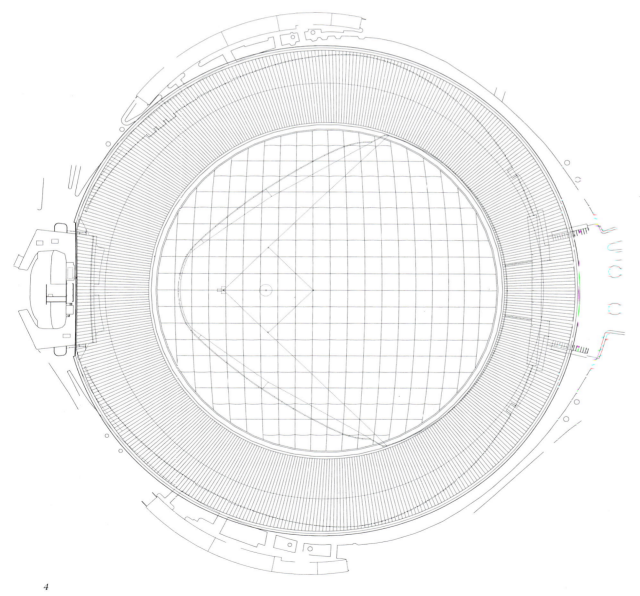

4

对面图：
　　从东侧圆顶鸟瞰，可以看见富士山
7　屋顶结构
8　靖武圆顶体育馆坐落于山林环境之中
9　圆顶开敞的侧面
摄影：Sadamu Saito

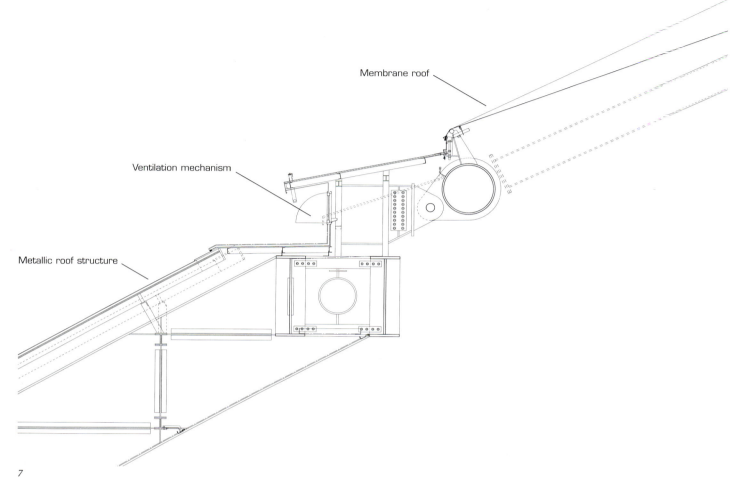

7

8

9

VERTICAL MULLIONS AND GLASS FINS
GANNETT/USA TODAY CORPORATE HEADQUARTERS, McLEAN, VIRGINIA, USA
Kohn Pedersen Fox Associates PC

垂直棂与玻璃肋
美国，弗吉尼亚州，麦克莱恩，甘尼特/今日美国公司总部
康·彼得森·福克斯联合事务所（纽约）

1

2

这个工程是"甘尼特"和"今日美国"公司的新总部组成，位于华盛顿特区郊外，占地12公顷，建筑面积74322m²。公司从高密度的都市办公环境迁移到一个郊区位置，为创造宜人的工作环境提供了相当大的潜力，同时可以设计出更灵活的空间用来促进整合新的技术，从而创造一个高效率的工作环境。

这个工程由两栋建造在共有裙房上的高塔组成，"甘尼特"和"今日美国"公司的建筑向上升起围合出一个室外的城市广场。在庭院的一侧建筑的上方，可以看到独立设置的交通系统，它使内部空间变得活泼，在这个建筑综合体的核心位置为"甘尼特"和"今日美国"的职员们创造了一个社区的感觉。

大楼的设计有三个基本的功能分区：信息部、生产部、标准办公室与公共设施区。公共空间沿大楼的入口层分布，灵活的大进深的信息部和空间高敞的生产部设置在二层

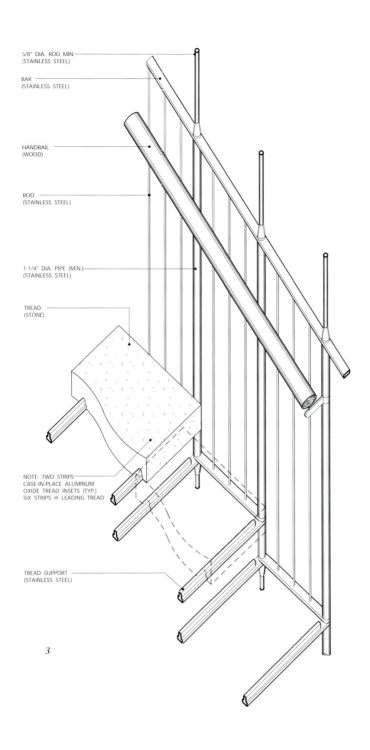

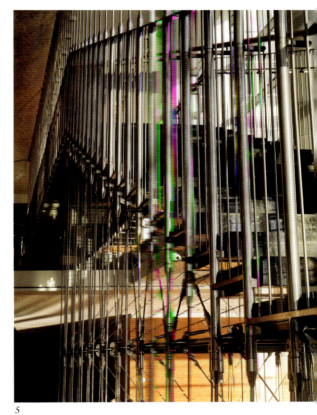

和三层。

标准办公空间位于高塔中，可以灵活分隔，以适应部门变化的需要，并且朝向基地景观最佳的一面。

共享空间与大楼被设计为一个朝向基地中心水池的整体，南向可以最大限度地让阳光照射到室外庭院与毗邻的平台。景观加强了这个基地的特征，并且成为一个降低邻近高速路噪音的缓冲带。

1 "竖琴"楼梯
2 从"今日美国"看"于尼吾"大楼，前景是大堂与中庭
3 楼梯细部轴测图
4 南侧景观
5 "竖琴"楼梯细部

6 扶栏立面
7 池塘剖面
对面图：
　　"竖琴"楼梯细部

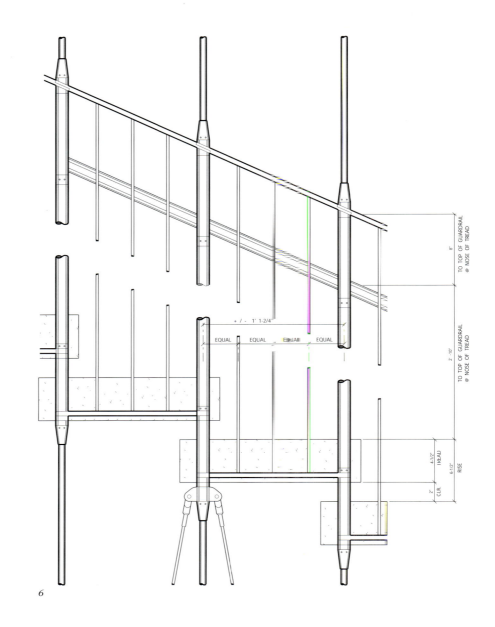

6

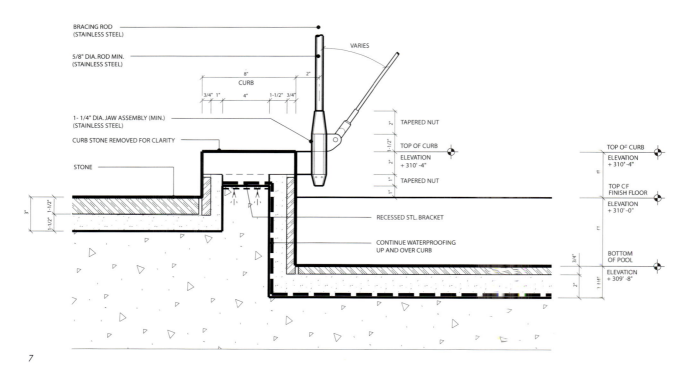

7

9 竖杆/扶栏剖面
10 从"竖琴"楼梯上看门厅
11 池塘剖面
12 平台的女儿墙剖面
13 石基座剖面
摄影：Timothy Hursley

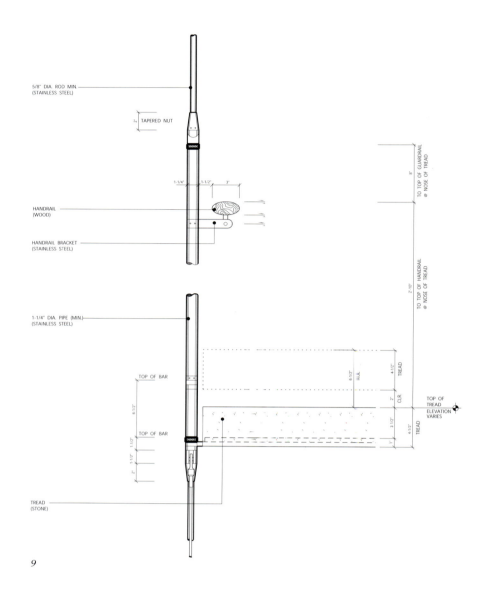

9

10

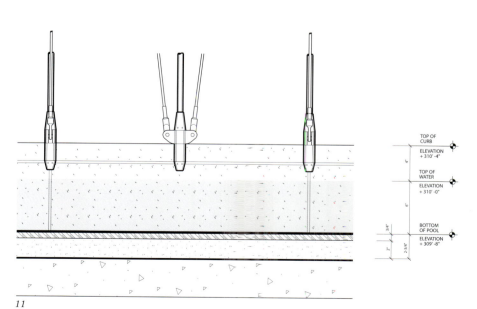

11

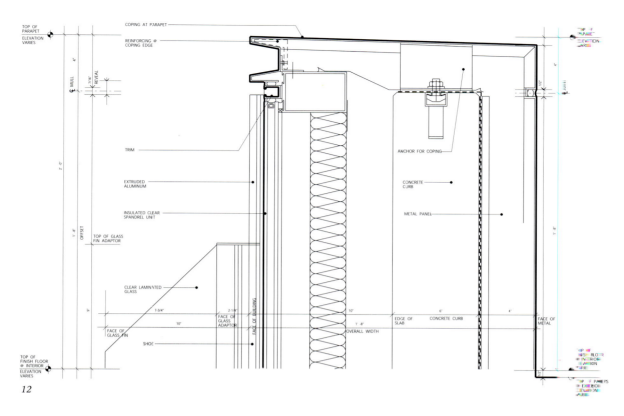

12

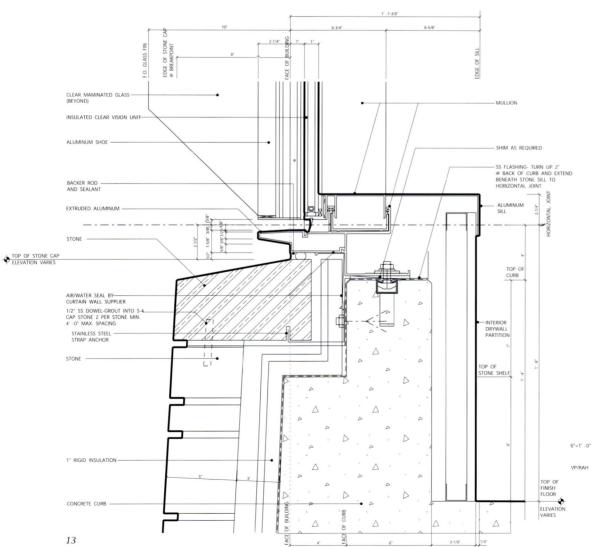

13

BRIDGE, CANOPY AND STAIR
ARMSTRONG RESIDENCE, POTOMAC, MARYLAND, USA
McInturff Architects

桥、雨篷和楼梯
美国，马里兰州，波托马克，阿姆斯特朗住宅
麦金塔夫建筑师事务所（贝塞斯达）

1

1 入口立面
2 入口桥的模型
3 雨篷支撑的轴测图

这栋住宅是为一对夫妇和他们的两个成年孩子设计的，设计试图使主人们的生活简洁化，因此用几个大空间代替了许多具体的房间。

除了必需的卧室之外——包括一个在主要楼层上，以备将来之需，工程空间精减到只剩一个尺度亲切的图书室，一个宽敞开放式的厨房和一个开阔的两层高的房间，用于起居和就餐。

为了使周边的森林景观尽收眼底，起居室正形态设计成一个半圆柱体，而房子的其余部分恰好形成一个整齐的长方体，两者之间是一条细长的采光缝隙隔开。

楼梯顶层的休息平台位于采光缝隙的部分，房子里所有的交通流线都要经过这两块。各种材料——混凝土、钢、玻璃、木头在其使用上，都本现着它们固有的特征。

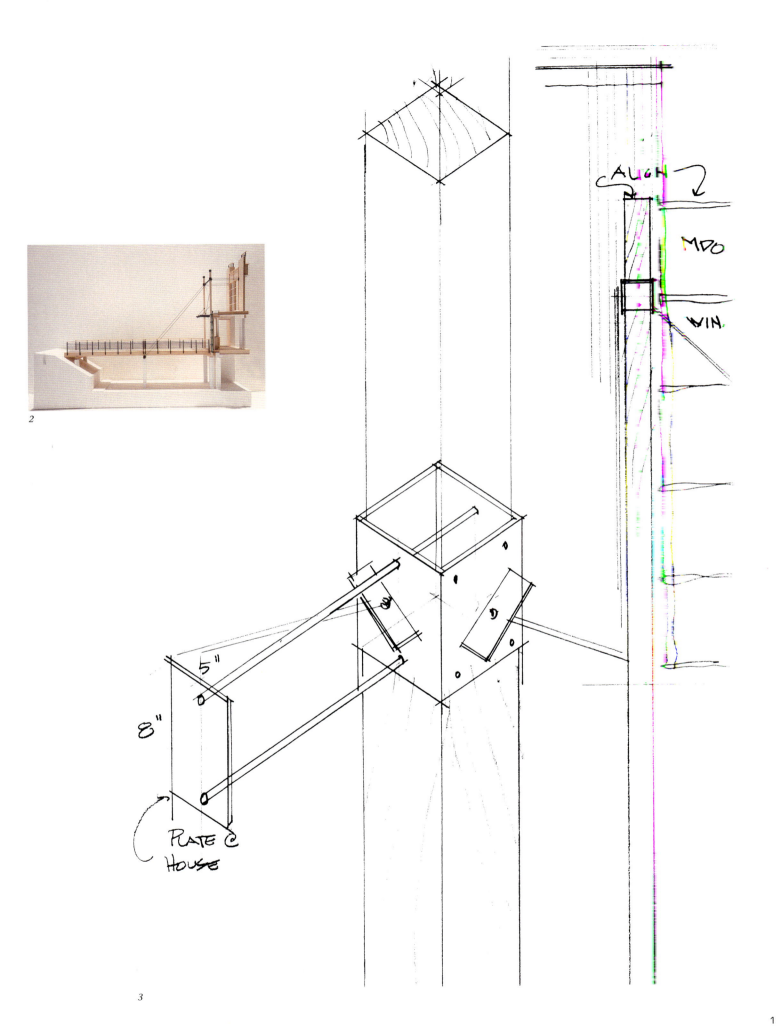

4 雨篷与入口桥
5 雨篷剖面、立面与平面

4

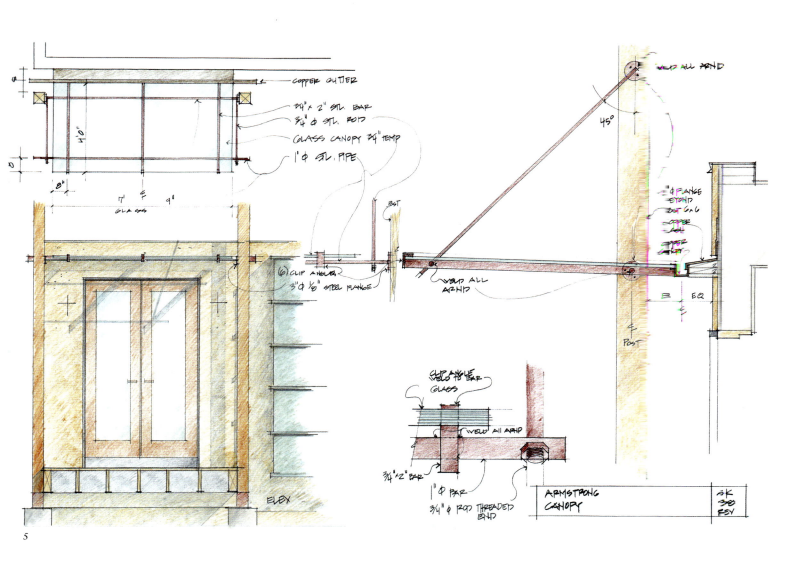

6 入口门厅
7 楼梯细部
8 楼梯立面

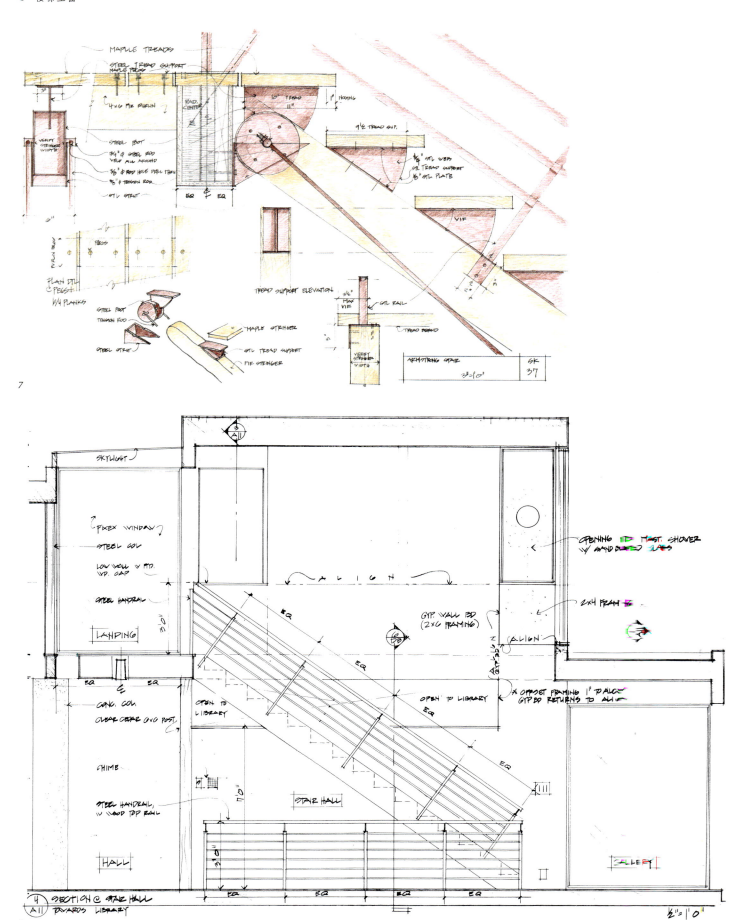

9 休息平台平面
对面图：
　　柱、楼梯和休息平台
摄影：Julia Heine

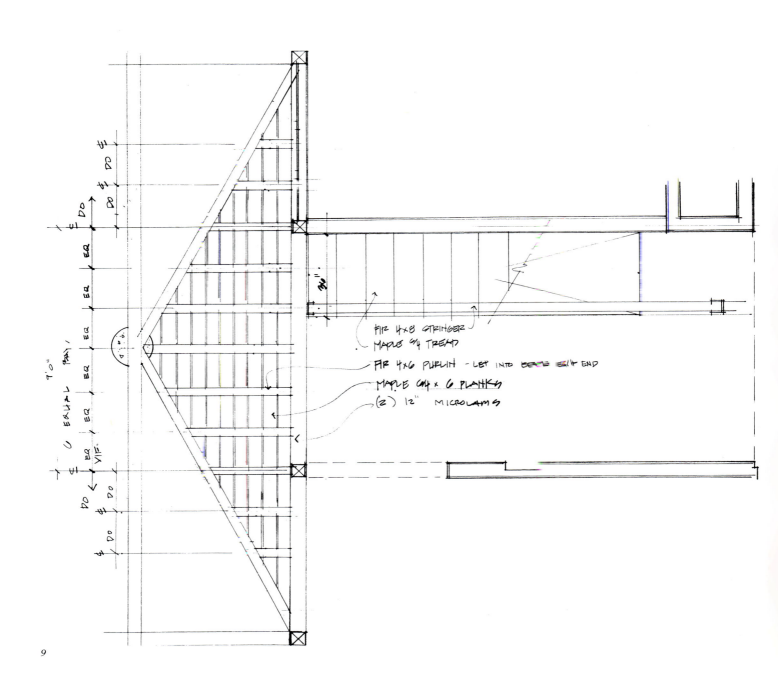

9

BRIDGE AND QUADRAPODS
WITHERS RESIDENCE, ACCOKEEK, MARYLAND, USA
McInturff Architects

连廊与四脚吊杆
美国，马里兰州，阿科基克，威瑟斯住宅
麦金塔夫建筑师事务所（贝塞斯达）

1

2

1和2　金属与玻璃房连接两翼
　　3　概念草图
　　5　轴测图

　　这是为一名艺术史教授设计的小住宅，它坐落在马里兰州南部乡村中10英亩的林地中。设计过程包括邀请一位天文学家进行了冬至点的测算，以确保房屋的最佳位置。

　　业主成长于新英格兰的一座由丹·基利设计的房屋中，因此他提出的两个设计要求是：建造一个具有基利建筑风格的简洁的林间小屋，并且屋中有一个适当的位置可以安放定制的珍妮特·萨阿德·库克的阳光画。

　　小房子由两个覆盖沥青木瓦，功能紧凑的两翼组成。萨阿德·库克的阳光画设备位于两翼之间的一个金属玻璃体中，这个空间同时又是起居室和餐厅，环绕着这里，阳光画上的图像随着太阳与云彩的变幻而变幻，创造出与空间、时间、建筑相呼应的稍纵即逝的景象。

　　玻璃墙朝向北边，二层连接两翼的连廊位于玻璃墙前面。这使南墙上的图像投影在一个广告牌似的大平面上，而南墙本身只有光线从地板和墙顶处照射进来。

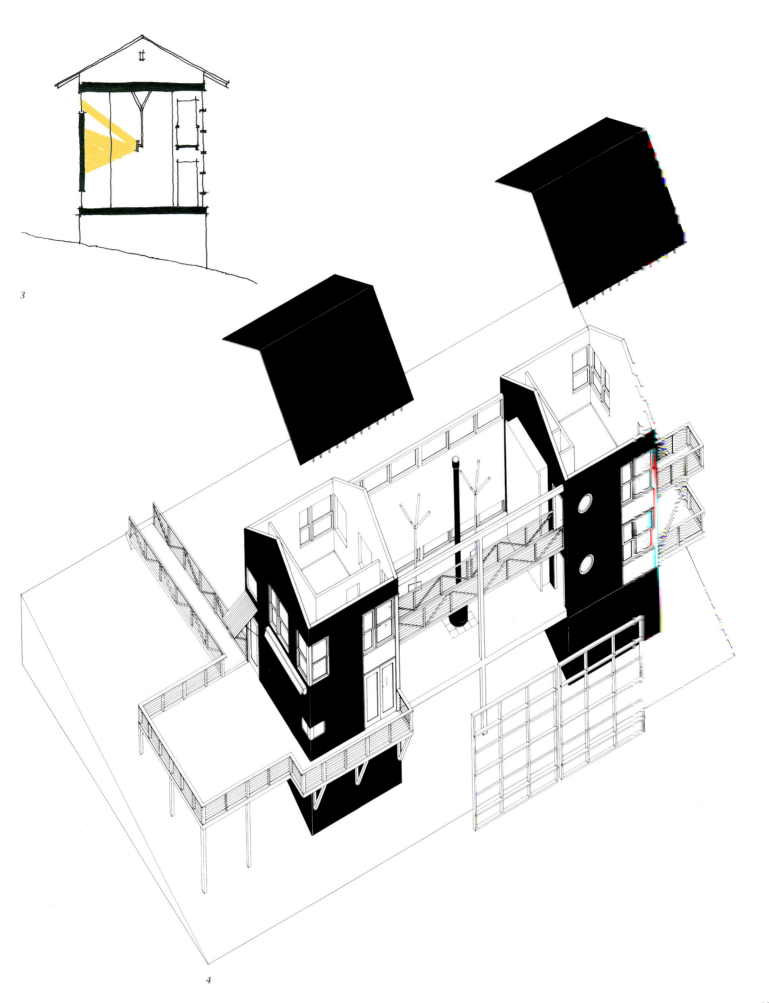

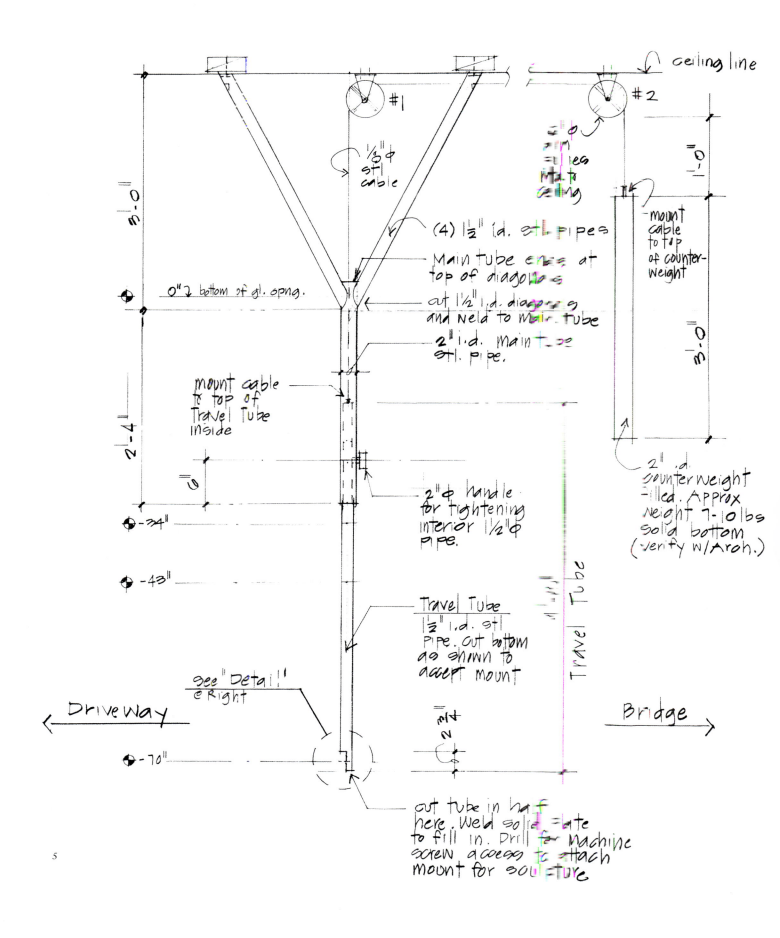

5 立面
6 金属与玻璃房连接两翼
7 为珍妮特·萨阿德·库克的作品设计的空间
摄影：Julia Heine

6

7

BUILT-IN BED
WEINER RESIDENCE, CAPITOL HILL, WASHINGTON DC, USA
McInturff Architects

嵌入式床

美国，华盛顿特区，国会山，韦纳住宅
麦金塔夫建筑师事务所

1

1和2　悬吊木台下的床洞
　　4　悬吊木台与床洞的模型

这项改建工程为两栋相邻住宅的合而为一提供了非常难得的机会。住宅位于国会山小巷，从前是位于大型城市联排住宅后面的工人住宅。业主在拥有其中一栋小巷住宅十多年后购置了相邻的那一栋。

其中一栋房子的空间被重新设计，新的入口开在原来连接两栋建筑的分户墙上。宽敞明亮的新空间中包含了一个可以拾阶而上的悬在空中的木制平台，提供了一个额外的休息空间，与现有的二层起居室相邻。

这个平台下面"洞"形的空间被用作新的主卧室，它的卫生间设在原有的房子中。13cm×18cm的冷杉木梁架在分户墙之间，并嵌入墙中。随着木梁的升降形成了踏步与休息平台。

梁上铺冷杉木板，板之间留6.4mm的缝隙，使光线与视觉可以穿过楼板，加强平台悬在空中的感觉。

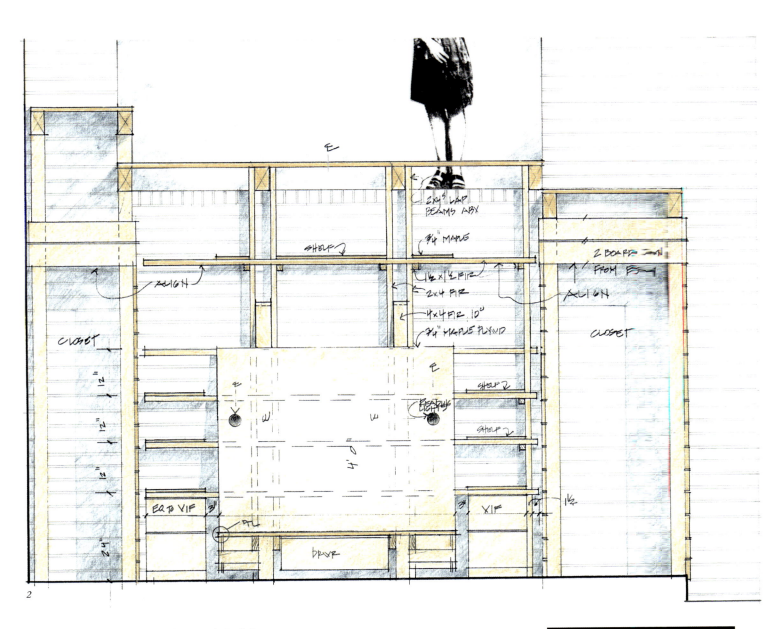

梁下的立柱与衣柜、书架和一张床融合在一起，设计有意模糊了家具与建筑的概念，这究竟是一件大型的家具还是一栋小巧的建筑？

4 平台边缘
5 床的平面
6 床与衣柜结构轴测图
7 床的侧立面
对面图：
　　休息平台下的卧室
摄影：Julia Heine

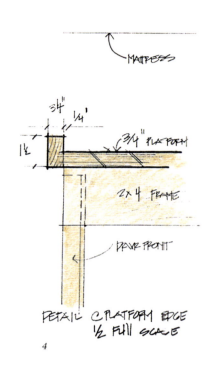

4

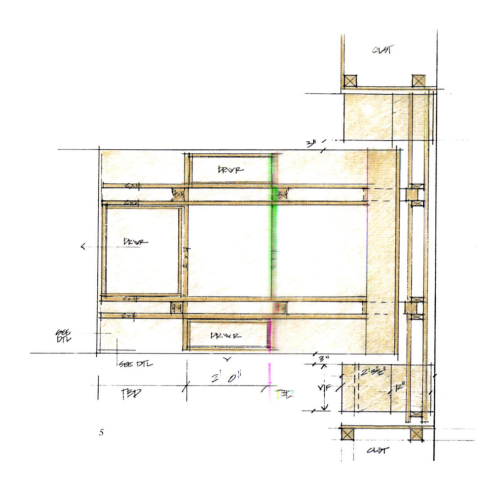

5

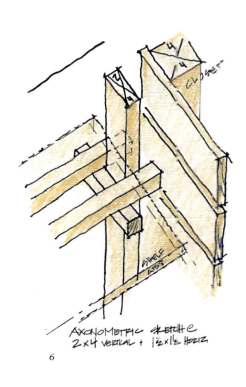

6

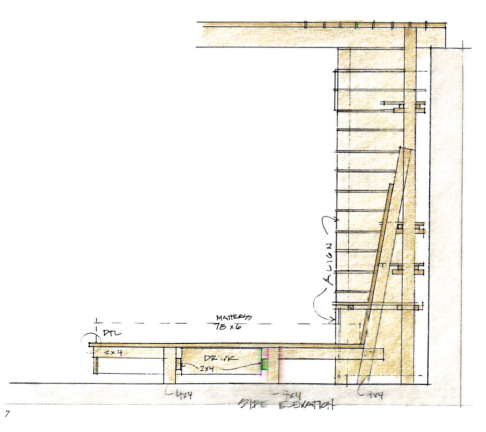

7

READING ROOM PENDANT LIGHT FIXTURE
HUGH AND HAZEL DARLING LAW LIBRARY, UNIVERSITY OF CALIFORNIA, LOS ANGELES, CALIFORNIA USA
Moore Ruble Yudell Architects & Planners

阅览室吊灯装置

美国，加利福尼亚州，加利福尼亚大学洛杉矶分校，休与黑兹尔夫妇法学图书馆
摩尔·鲁布尔·尤德尔建筑师与规划师事务所（圣莫尼卡）

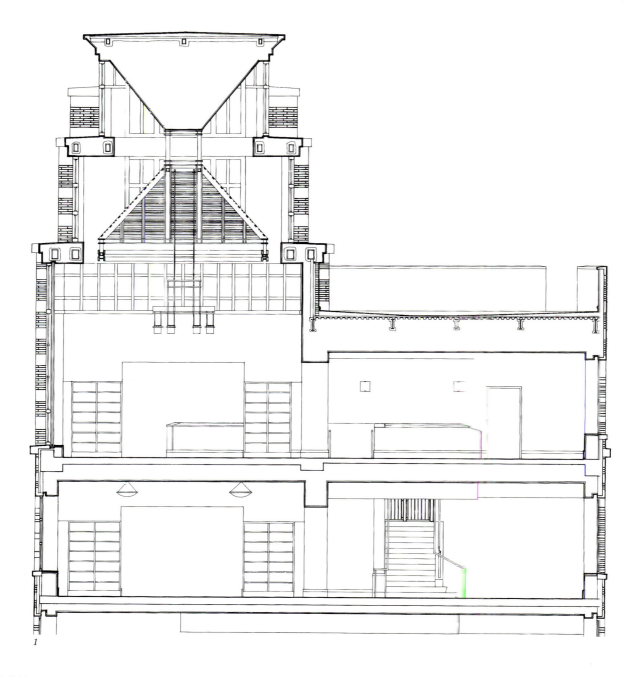

1

1 阅览室剖面
2 阅览室尖塔

位于第四层的阅览室被设计成整个图书馆塔楼上的"皇冠"。这栋塔楼不仅为图书馆树立了一个鲜明的形象，同时也成为美国加利福尼亚大学洛杉矶分校原有轴线的东部尽端。

木板条顶棚和定制的吊灯装置创造出一个充满光线和空间上富有动感的室内环境。吊灯装置与木格栅的室内顶棚一样，都是开敞透明的。

喷漆铝吊灯使用了几种不同的光源来满足阅览室的照明需求。

采用高效和耐久的紧凑型荧光灯，通过琥珀色玻璃的漫反射，在中心位置为周围环境提供了照明，并打亮了上方的木格栅天花。

装在吊灯里的向下照射的光源为阅览桌提供了工作照明。

这块非常美丽的基地位于两湖之间的一个小半岛上，布莱克邦住宅部分的凹嵌在岛上平坦的山丘上。

138

2

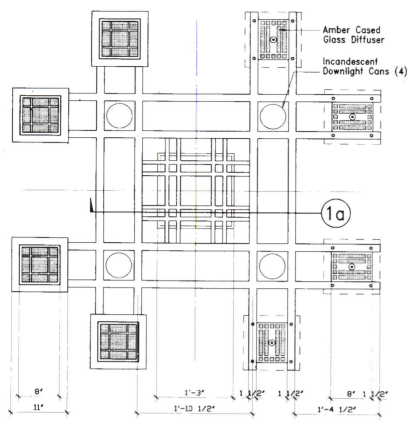

3 顶棚平面图
4 灯具剖面
5 老虎窗范室的吊灯装置
6 立面图
7 灯具剖面
8 灯具的立面和剖面
9 老虎窗顶棚平面
摄影 Timothy Hursley

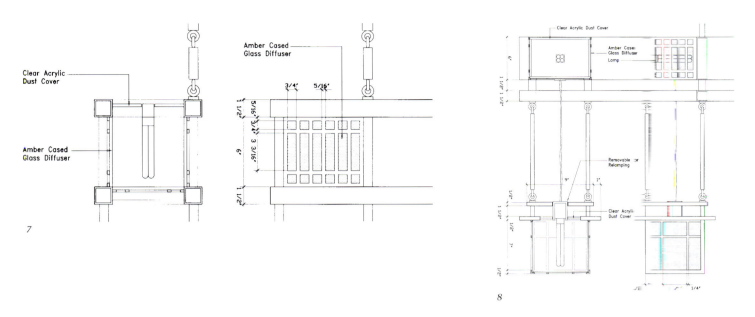
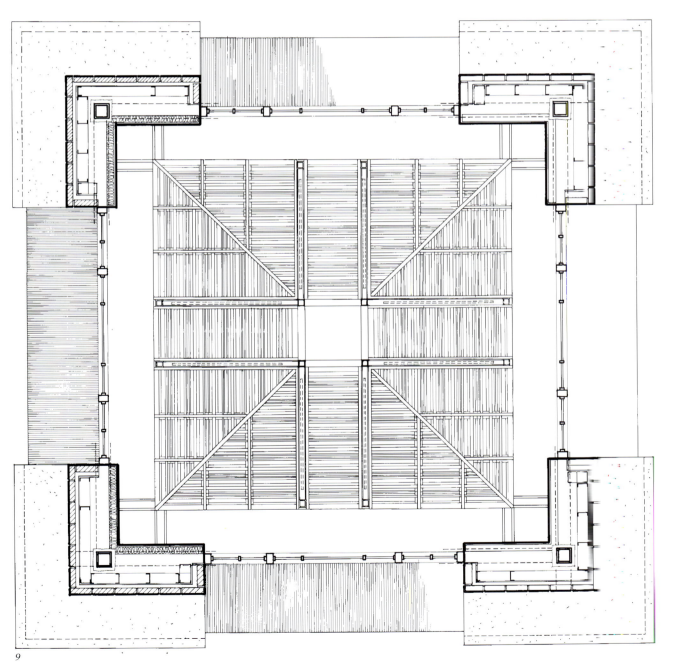

ENTRY DOOR
BLACKBURN RESIDENCE, GAINESVILLE, FLORIDA, USA
William Morgan Architects

入户门
美国，佛罗里达州，盖恩斯维尔，布莱克邦住宅
威廉·摩根建筑师事务所（杰克逊维尔）

1

2

3

从西面进入住宅，访客们将首先进入一个非正式的入口庭院，庭院由其右侧的车库，正前方抬高的水池和左侧的小石塔楼限定而成，小石塔在前门的侧面。

入户门由25块透明的玻璃板格栅组成，每块玻璃约为15cm见方，镶嵌在总尺度约为183cm×203cm的结实的橡木门框上。

虽然从远处看，入口是在一个整体的平面上，但是一个不引人注意的门把手区分了两侧固定扇和中间内开门扇之间的边界。门的侧框嵌入了门框的表面，隐藏了门的侧框。为保证住宅的安全使用了带内插销的门锁，门锁与装饰门钉的尺度相仿。

门框是木匠在现场制作安装成的，门框采用榫卯受合，以确保大门在组装后保持表面平整。在安装过程中将玻璃板嵌入门框边的榫口之中。

每块木框的接缝处都有四个不锈钢螺栓和垫圈进行拼接校准，但是它们主要还是起装饰作用。尽管在接缝胶固化以后它们也能

1 阳光穿过入户门进入厅室
2 固定扇位于开启扇旁两侧
3 入口前庭的黄昏景象
4 立面
5 剖面
6 从西侧进入住宅的道路
摄影：F Wetterquist
George Cott Chroma

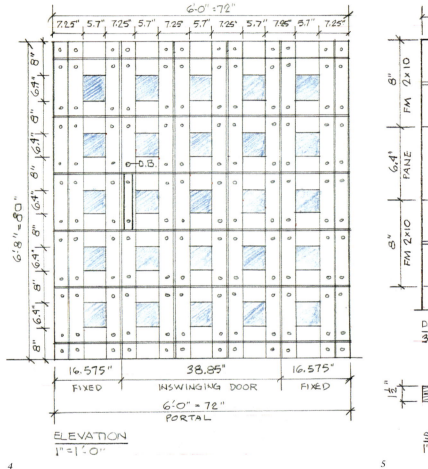

4

5

起到将木框的各个部分连接在一起的作用。

　　这个设计的灵感部分来源于洛伦佐·吉尔伯蒂为意大利佛罗伦萨中央大教堂洗礼池（1403－1452年）设计的美丽的青铜门。

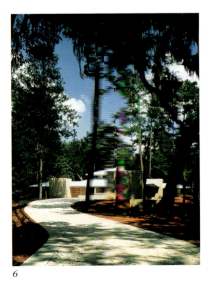

6

143

CURTAINWALL, SKYLIGHT, BAMBOO ISLAND AND CURVED WALL
ORIENTAL PLAZA, BEIJING, PRC
P&T Group

幕墙、天窗、竹岛和装饰外墙
中国，北京，东方广场
P&T 设计集团（香港）

1

1 东方广场外观
2 和 3 广场天窗
4 天窗的平面、剖面和立面

这座地标性的建筑项目为当代北京的城市建设作出了巨大贡献。该项目沿着王府井的长安街展开，离天安门广场很近，包括 60 万 m² 的一流商业空间，其中包括一家有 600 间客房的五星级饭店，酒店式公寓和一个大型购物中心。三组 14~20 层高的建筑布置在一个抬高的中央庭院周围。

方形的平面强化了传统的城市格网，入口标识了东长主要轴线。

方形和圆形的建筑元素由粉红色的花岗石和反射玻璃来区分，应用现代的手法阐释中国古典的主题。

2

3

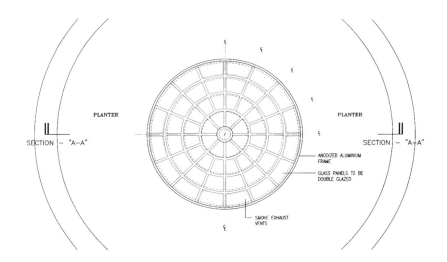

PLAZA SKYLIGHT

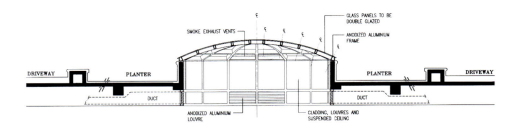

SECTION A-A

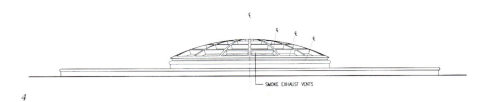
4

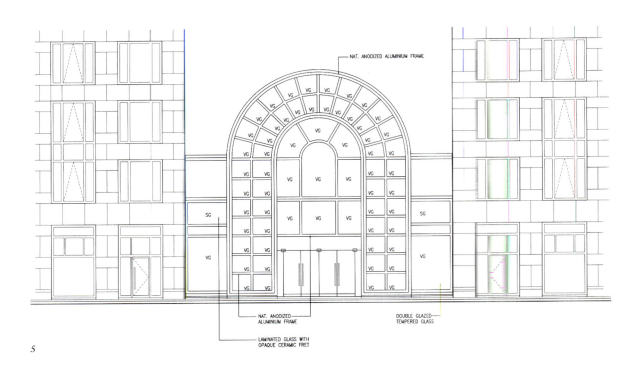

5

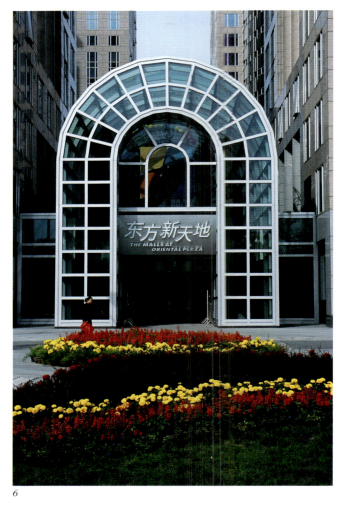

6

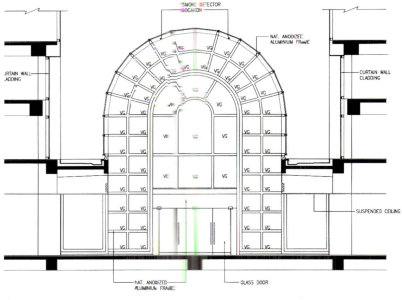

7

5 立面
6 商业街拱廊的玻璃入口
7 剖面
8 玻璃入口剖面
9 玻璃入口的首层平面

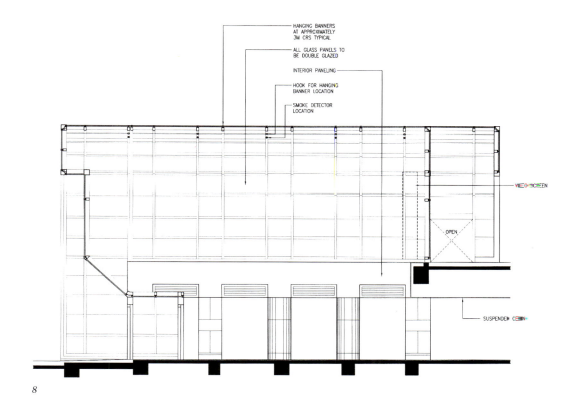

8

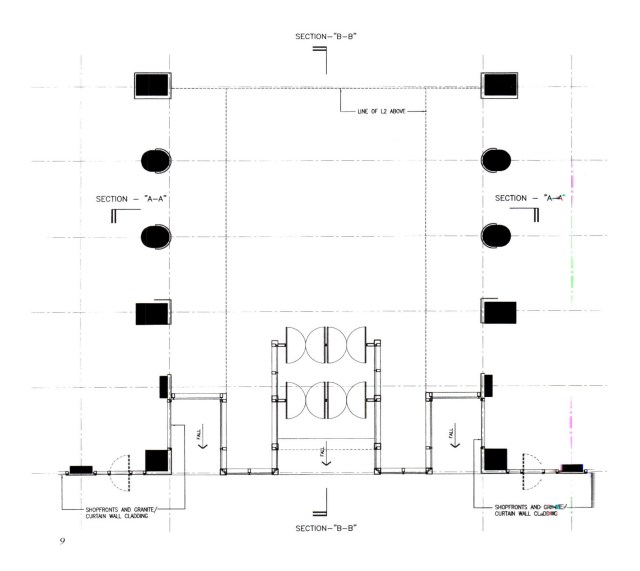

9

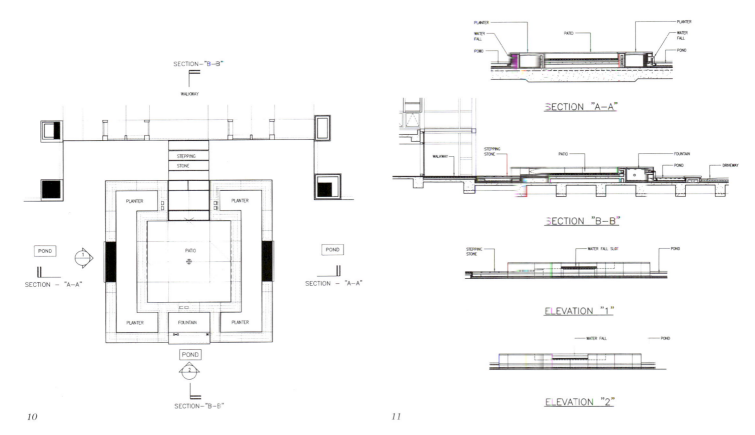

10 *11*

12

10　首层平面
11　剖面和立面
12　竹岛
13　屋顶形式
14　东方广场的外观
摄影：P&T摄影部

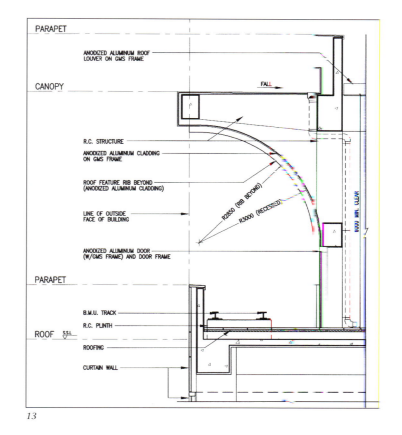
13

14

SKYLIGHT AND CURVED ROOF
HONG KONG MUSEUM OF HISTORY, HONG KONG, PRC
P&T Group

天窗和曲面屋顶
中国，香港，历史博物馆
P&T 设计集团（香港）

1

1　历史博物馆建筑外观
2　穿过入口大厅和展示区的剖面
3　屋顶平面
4　侧立面
5　鸟瞰

这个 18500m² 的博物馆开发计划是一项大型博物馆工程的一部分，目前已经完成了科学馆与历史馆的总体规划。

主入口通过一个入口广场来吸引参观者，透过广场上的一面 13m 高的玻璃幕墙可以看到固定展品陈列区。交通流线为普通参观者、团体参观、工作服务人员都提供了各自清晰独立的通道。

一个内庭中保留了基地上的一些成年树木，以形成视觉趣味并营造轻松的空间气氛。

13m² 的展厅和与之服务的 4.5m 宽服务营造了模数化空间的基本格网，在提供清晰的参观流线和入口的同时，也为博物馆提供了最大程度的灵活性。13m² 的空间用作展厅，4.5m 宽的固定区域则容纳了所有主要的服务设施、运货路线、卫生间和楼梯间。这种模数化的格网也体现在博物馆的立面，尤其在面向科学馆的立面设计上。

这个项目的一个重要特点是设置了一个两馆共用的开敞式大空间，作为两个馆共同使用的公共大厅。

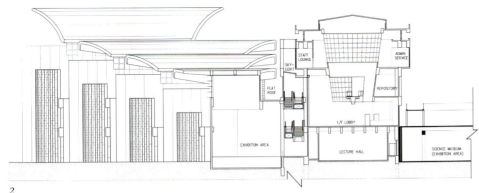
2

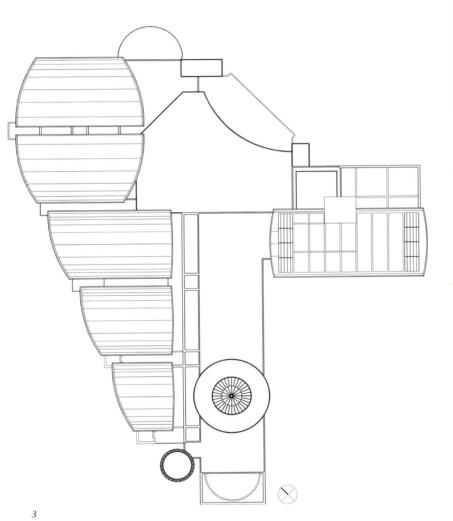
3

4

这个大厅与整个博物馆工程的步行系统及其附近的人行天桥连通。其结构荷载可以满足广场上进行室外展览的需求。

建筑的体量被精心地设计成渐变的形式，这样既可以使查塔姆路沿街具有良好的尺度感，又可以创造出内部展厅所需要的空间品质。

5

6 入口大厅上空的天窗细部
7 从桥上看入口大厅上部的天窗
8 从大厅看入口大厅上部的天窗

7

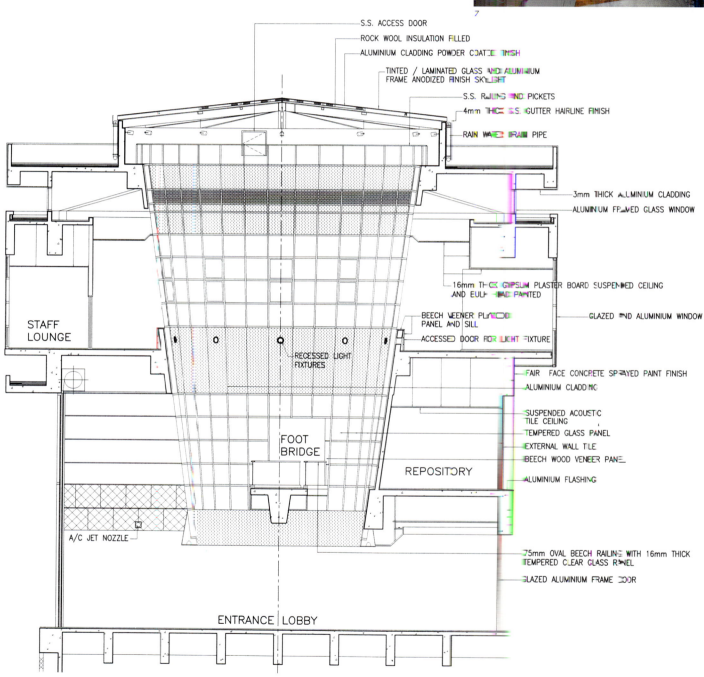

6

9　入口大厅上部的天窗细部
10　从大厅看天窗
11　从天窗向上看
摄影：P&T摄影部

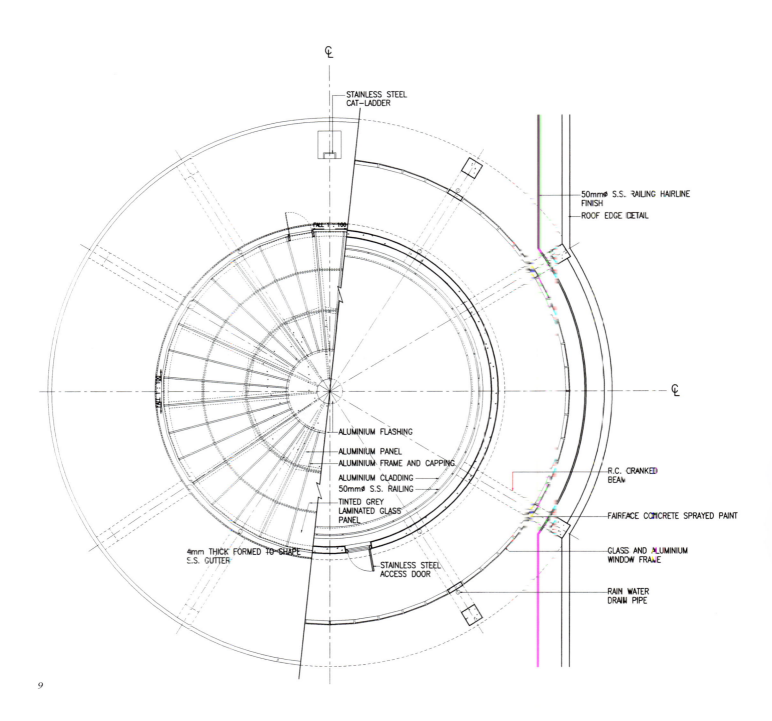

9

10

11

STRUCTURAL FRAME AND METAL SHEATHING
TFT/LCD PLANT, QUANTA DISPLAY INC., TAOYUAN COUNTY, TAIWAN
J.J. Pan and Partners Architects and Planners

结构框架和金属外围护结构
中国台湾，桃园县，昆腾显示器有限公司，TFT/液晶显示器生产厂，
J．J．Pan 及合伙人建筑师与规划师事务所（中国，台北）

1

1 其中一个院落中的透明感、反射性和阴影
2 横剖面

昆腾显示器公司的设计要体现出其产品——液晶显示器和薄片传感器的特征。

选择被证实的材料比如钢作为结构框架和金属外围护结构，将重点放在玻璃的应用上，以此象征液晶显示器产品。

玻璃不仅成为建筑外皮的重要组成部分，还在三个地方从建筑中分离出来，形成入口雨篷的结构和两个院落的围墙。设计试图将通透和反射作为建筑与其环境相对话的方法。

玻璃由轻质钢结构系统结合预应力钢索支撑。其结果是使内部墙面开有洞口的巨大建筑体上产生了一种流动感。

高达30m直径26cm的圆形钢管抵抗风荷载。柱顶的水平桁架随建筑立面弯曲，在它们后面形成一个具有过渡性、轻盈感和特殊物质性感觉的空间。

70m长的椭圆形入口雨篷横跨在两个结

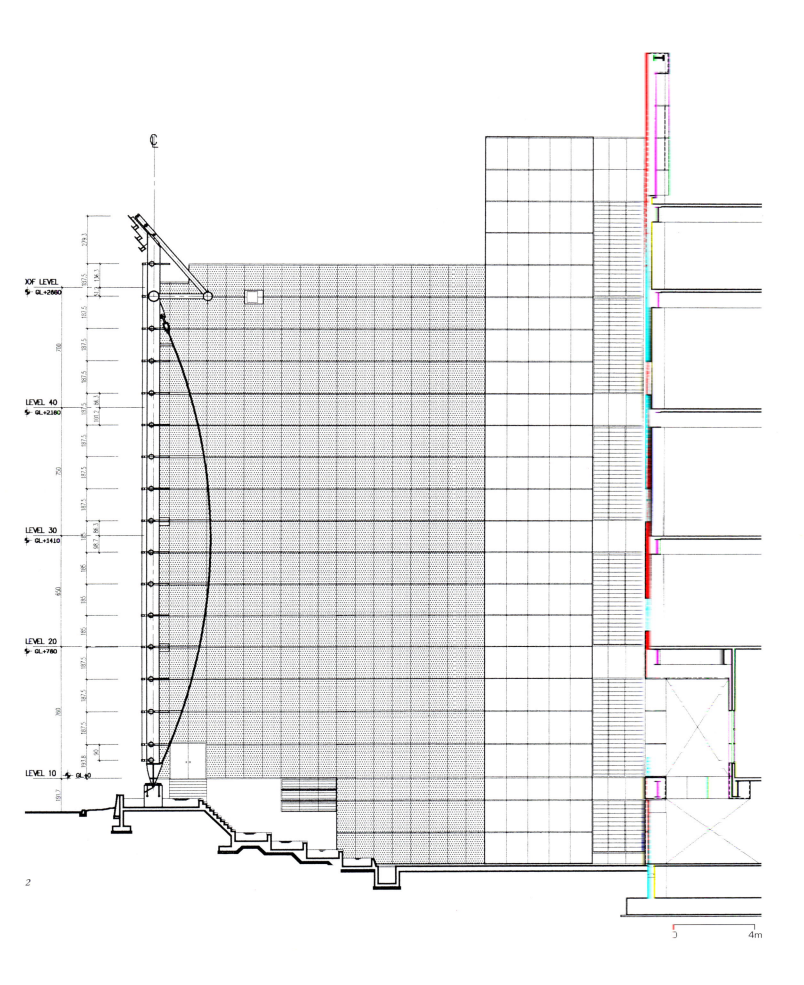

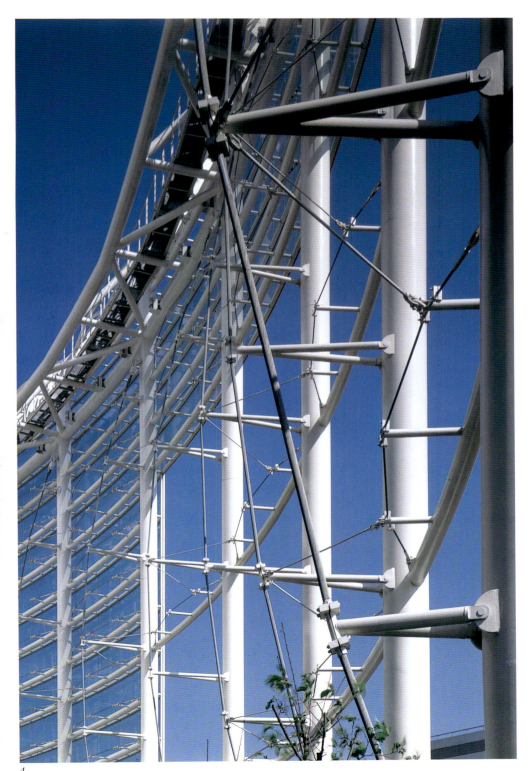

4

5

对面图：
　　庭院内两种结构类对比
4　钢索锚固的细部
5　铰接支座的初步研究

构之上，通过一个巨大的节点柱连接。节点的一端是固定的，另一端则悬空着，以适应地震时的轻微位移。

159

6 细部
对面图：
　　雨篷结构
摄影：David Chen(1,3,8);
Jeffrey Cheng(4)

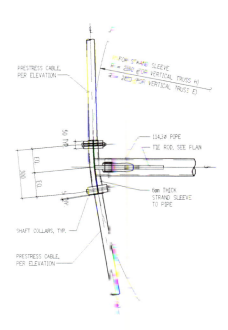

Pre-stress cable connection detail

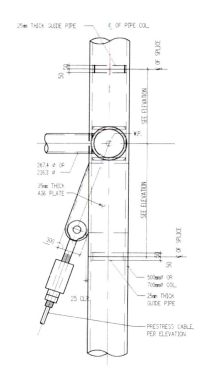

Bridge socket connection

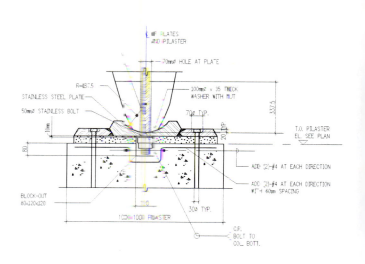

Steel column hinge support

CURTAINWALL
EMBASSY SUITES, BATTERY PARK CITY, NEW YORK, NEW YORK, USA
Perkins Eastman Architects

幕 墙
**美国，纽约州，纽约市，巴特里公园城，使馆套房酒店，
珀金斯·伊斯特曼建筑师事务所（纽约）**

1

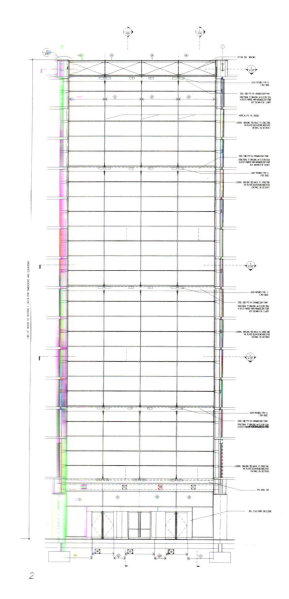

2

1　14层高的玻璃幕墙中庭外观
2　外立面
对面图：
　　中庭室内空间

位于巴特里公园城（Battery Park City）的使馆套房酒店主要特征是一个14层高的中庭，这个中庭位于一个狭长体和一个大体块之间。中庭的外立面是朝向哈得孙河的通高43m的玻璃幕墙。

甲方考虑该项目的重点是成本。因此，幕墙的设计和细部采用了预制玻璃幕系统及附于其上的预制的钢桁架。

桁架跨在连接两侧建筑的主要横撑连接上。通过在视觉上将幕墙和强大的结构整合为一体的方法，珀金斯·伊斯特曼的建筑师们得以创造出一个既充满活力，又能满足甲方要求的设计方案。

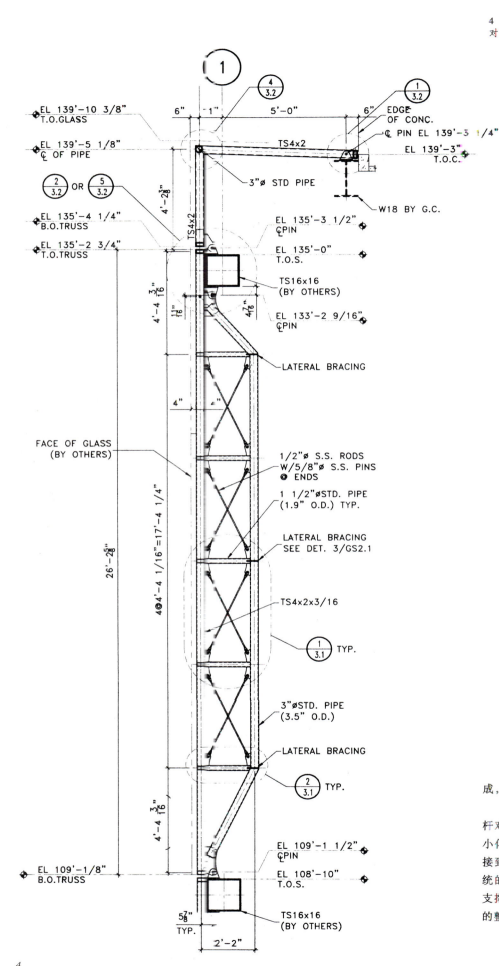

4 桁架剖面
对页图
4 im 普的玻璃幕墙内景

钢桁架由喷漆钢管与不锈钢拉杆斜撑组成，垂直高度约为9m。

桁架上预制的马蹄形金属构件表示了拉杆及其受力的形式，同时使拉杆的尺寸最小化。一种统一的窗挺配件通过小金属板连接到桁架的前玄杆上，进一步减弱了幕墙系统的含量线。桁架后面的拉杆将它们水平地支撑起来。墙顶端的玻璃向后退进，使幕墙的整体外观更加轻盈。

6 桁架与主要横撑交接的细部
7 步行天桥、主要横撑和玻璃幕墙交接部分剖面
8 装配桁架与玻璃幕墙平面

对面图：
　43m高玻璃幕墙内景
摄影：Chuck Choi
制图：Rerkins Eastman 建筑师及其合伙的
高级结构师

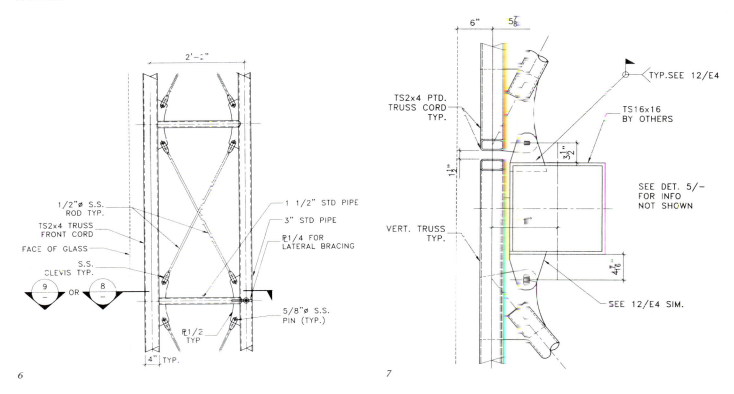

6　　　　　　　　　　　　　　　7

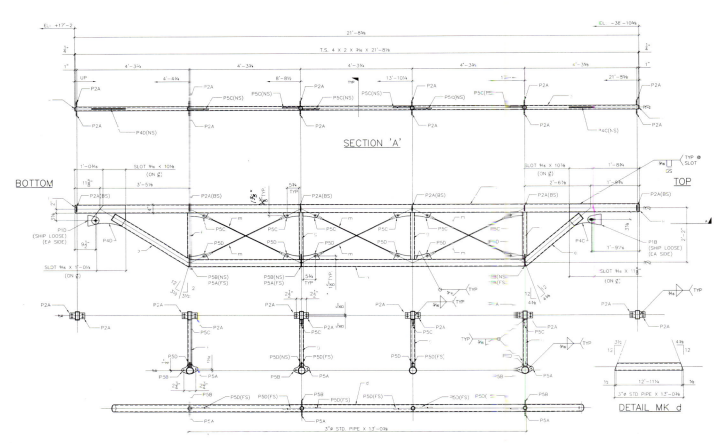

8

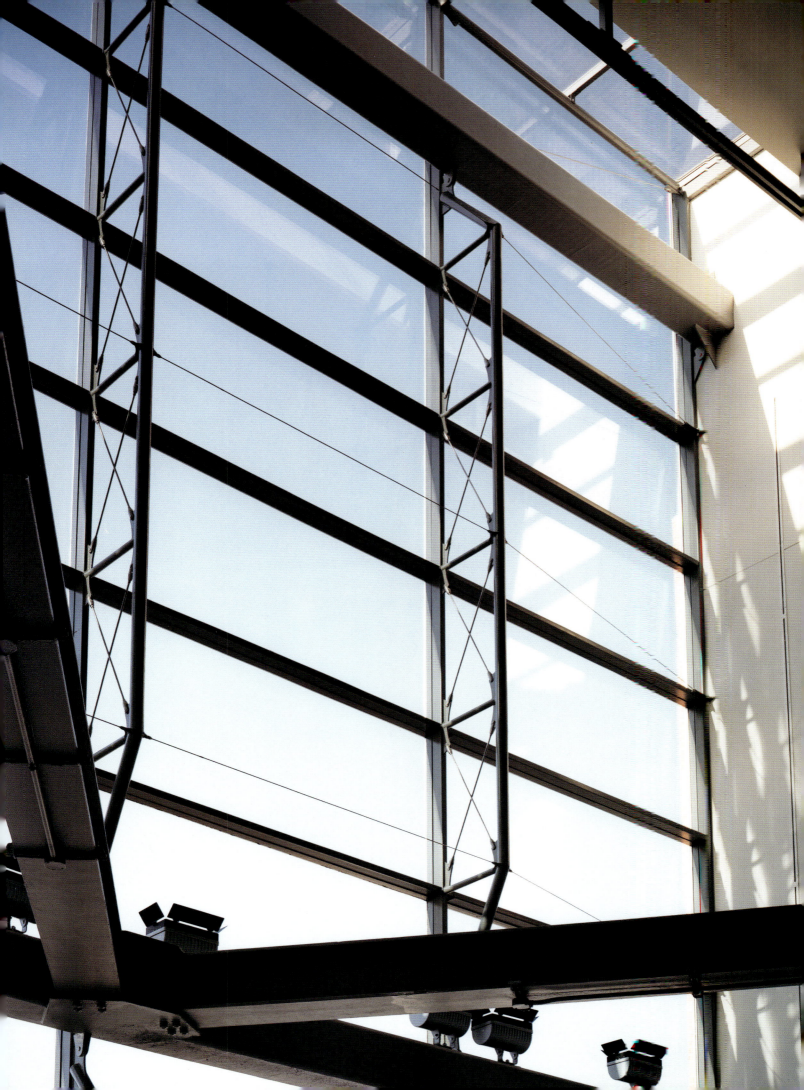

GLASS CANOPY
MARRIOTT EAST HOTEL, NEW YORK, NEW YORK, USA
Perkins Eastman Architects

玻璃雨篷
美国，纽约州，纽约市，玛丽亚特·伊斯特饭店，
珀金斯·伊斯特曼建筑师事务所（纽约）

1

1　有玻璃雨篷的建筑正立面
2　平面图
3　正立面

玛丽亚特·伊斯特饭店的玻璃雨篷是饭店翻修和形象改善工程的一部分。新雨篷环绕着凹入式入口柱廊，用这种方式加强和保持现有石灰石立面。为尽量减小与建筑的接触面仅仅使用了6个锚固点。

雨篷由6个基本部分组成：11m长的白色喷漆弓形结构；13对不锈钢翼板；2cm厚60%陶瓷玻璃；不锈钢悬索和1根不锈钢的落水管。

玻璃片通过点式连接水平地悬挂在沿弓形结构放射状分布的翼板下。弓形结构的两端通过一根沿着雨篷后檐并藏入柱子背后的圆管连接在一起，结构两端由两个支座支撑着。结构上的开槽可以使方形结构定位，并且可以在现场进行精确的位置调整。

这个弓形结构由一组上部的悬索链吊挂起来，悬索链通过定制的在预定角度范围可以旋转的U型金属板锚固到建筑立面的两个点上。

为了抵抗自下而上的风荷载，玻璃板的

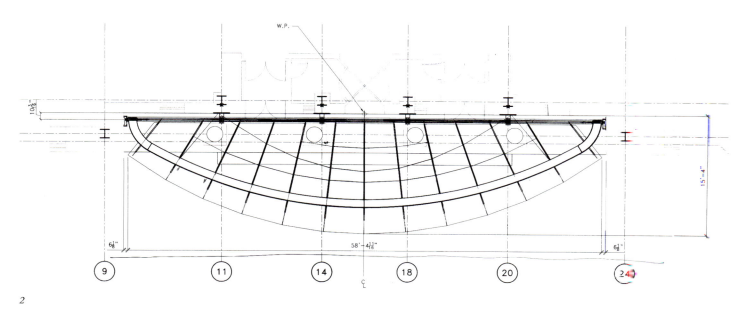

2

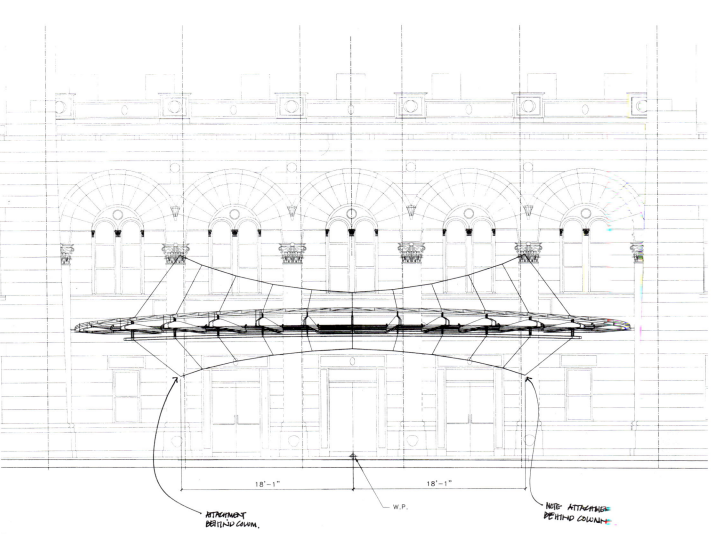

3

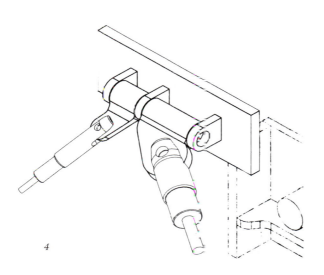
4

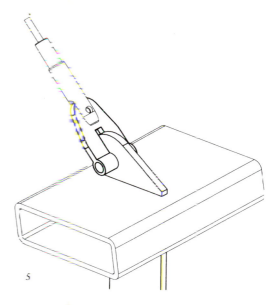
5

6

下边也设置了悬索链，与上部悬索链同样地锚固在建筑立面上。悬索通过玻璃结合处的铺板与弓形结构相连。

整个结构微微的倾斜，使雨水排向挂在弓形结构后面的紧贴墙面的落水管。

7

4 悬索锚固在墙上的细部
5 上部悬索与弓形拱结构连接的细部
6 上部悬索的锚固点
7 不锈钢铺板的细部
8 可以看见翼板、玻璃、铺板和悬索的支点
摄影：Chuck Choi
制图：Perkins Eastman 建筑师及其合作的重要结构师

8

GLASS CURTAINWALL WITH STAINLESS STEEL SUPPORTING TRUSS
UNIVERSITY OF CONNECTICUT, STAMFORD, CONNECTICUT, USA
Perkins Eastman Architects

不锈钢桁架支撑的玻璃幕墙
美国，康涅狄格州，斯坦福，康涅狄格大学
珀金斯·伊斯特曼建筑师事务所（纽约）

1

1 从学院中央大厅室外可以看见连续的转角玻璃面
2 学院中央大厅的内部
3 定制的压杆和实心的凸缘

康涅狄格大学的学院中央大厅的外立面是一层整洁的由不锈钢拉索桁架点式支撑的玻璃幕墙。为了获得最大程度的通透感，中央大厅的外壳主要由三个部分组成：带孔的隔热玻璃；浇铸的不锈钢"十字交叉"构件，在一个平面上有915个螺栓还有一个定制的不锈钢支撑桁架。

玻璃的静荷载沿玻璃面垂直地传到幕墙底部，再由一个杆件将其传回幕墙顶端的支撑结构。风荷载由定制的桁架承担。绷在桁架承压杆件两端的拉索，拉紧后相互作用，使系统能够保持平衡。桁架跨在两个悬挑的钢管结构之间约18.3m长。大厅转角处设计了桁架柱，使转角处的外包玻璃幕保持连续。为保持桁架水平方向上的稳定性用水平拉杆穿过桁架的中心。

预制的受压杆件系统由两部分制成：一是1cm长，端头安装了实心金属头的不锈钢受压杆，上面有预留给"十字交叉"构件的螺口；另一个是用来传递竖向荷载的线型附属拉杆，端头是冷压成型的，用"U"形夹与连接在受压杆件上的金属板连接。受压杆

2

件上都开了槽，以放入形状各异的金属板，并且在工厂就进行了焊接，以削弱金属板传力的方向。中空压杆的端头插入一个不锈钢帽作为收头。

对细部的极大关注被贯彻到每一个组成部分，这个桁架玻璃幕墙设计、装配和安装的成功，是珀金斯·伊斯特曼建筑师事务所及与其合作的高级结构师设计公司精心创作的结果。

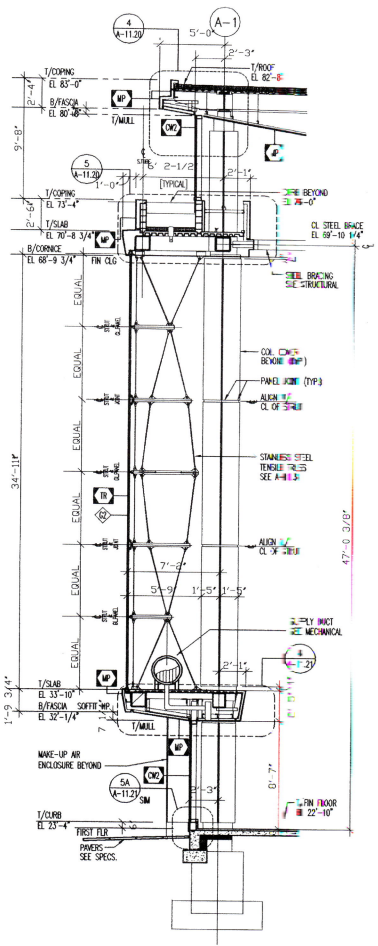

3

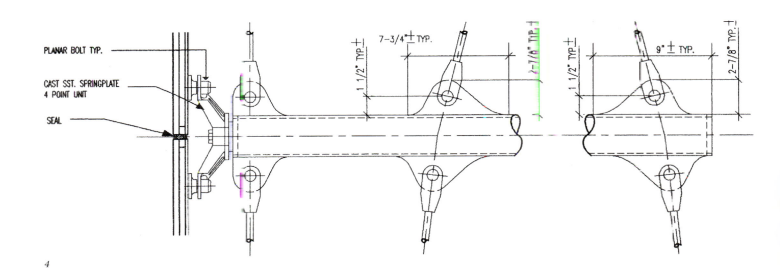

4

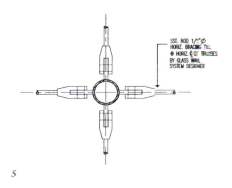

5

6

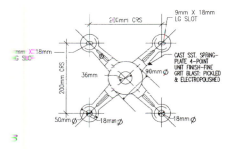

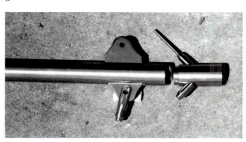

7

4 受压杆件的细部
5 受压杆件细部的剖面
6 和 7 受压杆件的装配
8 "十字支架"的细部
对面图：
　预制拉索桁架和玻璃幕墙系统的
　细部
摄影：Chuck Choi
制图：Perkins Eastman 建筑师及其合
　伙人的高级结构师

VIVARIUM
MUSEUM OF NATURAL HISTORY, BUTTERFLY VIVARIUM, NEW YORK, NEW YORK, USA
Perkins Eastman Architects

仿真动植物馆
美国，纽约州，纽约市，自然历史博物馆蝴蝶馆
珀金斯·伊斯特曼建筑师事务所（纽约）

1

珀金斯·伊斯特曼建筑师与博物馆的展览部门共同合作，将仿真蝴蝶馆设计成一个包含着现有博物馆画廊的预制的壳体结构。它的内部为活蝴蝶的展示而设计成一个完全独立，自给自足的亚热带气候环境。

由半透明的 Kalwall 板、透明的丙烯酸板、铝板和 C 形通道空间建构而成的蝴蝶馆，被设计成一个 402m² 的"组装式"的轻质壳结构，便于季节性的搭建或拆除。

整个结构被划分成两个区域：一个封闭的"飞行"区和一个开放的"排队"走廊。参观者首先进入排队走廊，走廊的 Kalwall 天花板由铝柱支撑着，跨过封闭的飞行区，以弧面的形式伸入对面的承重墙。柱子与资料图片和玻璃陈列橱窗的设置合为一体。在参观者的左边，透明的丙烯酸板将走廊与封闭的飞行区分开。在走廊较短一头的尽端，有蜂窝式铝板制成的出入口的前室。

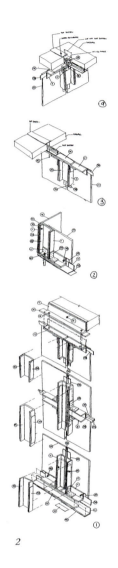

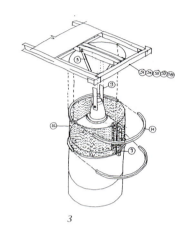

1　飞行区室内
2　节点安装
3　定制的金卤灯
4　从排队长廊看飞行区内部
摄影：C.Chesek(1)；Perkins Eastman建筑师及与其联合的高级结构师 2)；Perkins Eastman建筑师事务所(3&4)

在飞行区的内部，Kalwall顶棚板块之间有一系列的服务面板，它们容纳了所有的照明与送回风口。预制的金卤灯投射种植的绿化景观，而从这些灯中散发的热量则被排入送回风系统。送风和回风经由结构顶部的镀锌管道系统，通过自身的HVAC系统来维持。地板是完全封密的，采用可重复利用的橡胶，粘附在现有的水磨石地面上。

177

DINING TABLE
3905 CLAY STREET, SAN FRANCISCO, CALIFORNIA, USA
Pfau Architecture Ltd.

餐　桌
美国，加利福尼亚州，旧金山，克雷大街 3905 号
普福建筑设计有限公司（旧金山）

　　该项目是对 1906 年的一栋普通的 4 层棕色木瓦住宅进行的内部改造，该住宅在 20 世纪 70 年代早期分被分成了两部分。项目的挑战性在于如何使室内"成功改观"的同时，将外部变化降低到最小程度。

　　建筑师把餐厅布置在中间，使餐厅、起居室、厨房的功能整合成为一个空间。设计师像处理家具一样处理新的室内墙面，把橱柜和框架材料嵌入有石膏和龙骨的墙体构造中。

　　作为这次改造的核心作品，餐桌的设置与整个室内设计融合为一体，它雅致、朴素，看起来很简洁。

　　通过钢销钉和可拆卸的桌面两端，柚木面不锈钢餐桌可以供 6 至 10 人使用。餐桌的连接框架是焊接磨光的，柚木桌面是拼接的，并上了清漆。

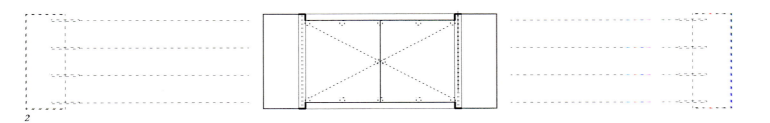

2

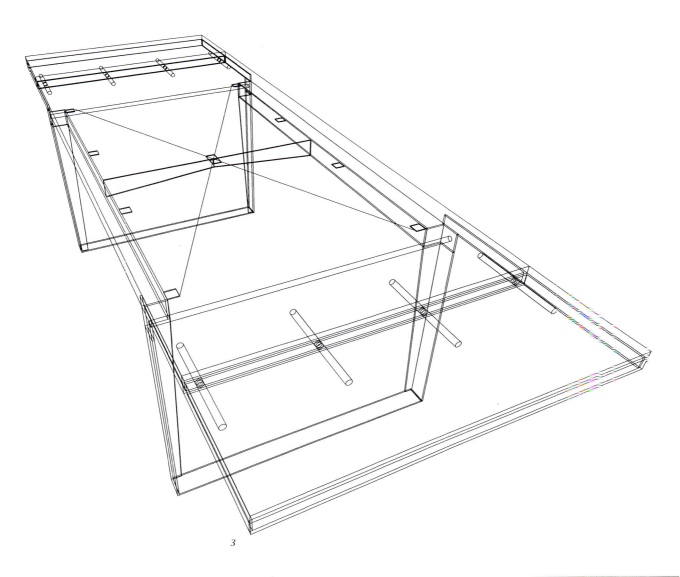

3

1 餐桌细部
2 餐桌可供6至10人使用
3 餐桌图解
4 餐厅/起居空间
摄影：Cesar Rubio

4

ENTRY LOBBY
APARTMENT BUILDING, ELIZABETH BAY, NEW SOUTH WALES, AUSTRALIA
Rihs Architects (Gerry Rihs + Sergio Melo e Azevedo)

入口前厅
澳大利亚，新南威尔士，伊丽莎白海湾公寓大楼
里斯建筑师事务所（格里·里斯 + 塞尔吉奥·梅洛·埃·阿泽维多）（悉尼）

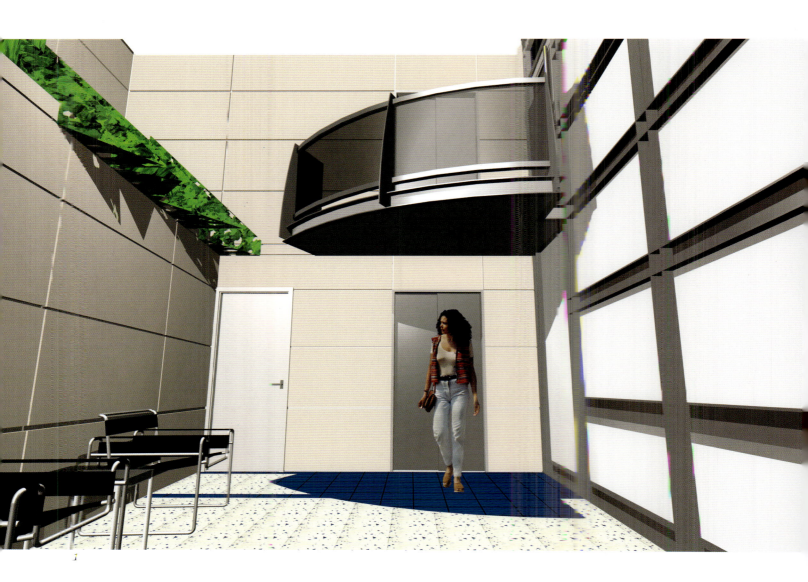

1 入口前厅的三维模型
2 阳台细部
3 入口前厅的原始草图

雕塑般的混凝土体量形成了建筑的特征，也是里斯事务所的建筑师想在整个项目中确立的设计标准和意像。

建筑的入口由一面两层高的玻璃墙和一个富有动感的雨篷限定出来。

玻璃墙和雨篷都是由槽钢和安全玻璃薄板制成。由两片玻璃板制成的弧形雨篷向空中倾斜。它形成一个锋利的边缘，就像从建筑伸出的一个刀刃。玻璃固定构件使玻璃可以安装在钢结构之上。

在前厅内部，限定入口的玻璃墙沿车库向后延伸，其背后的泛光照明在夜间创造出温暖的空间气氛。前厅尽端的小阳台提供了一层车库的入口。这个混凝土阳台的造型与玻璃雨篷非常相似。

槽钢强化的阳台曲面边缘再次形成一个锐利的边界，优雅地划分了空间。阳台板用铝制成，造型犹如建筑立面上的混凝土船帆。

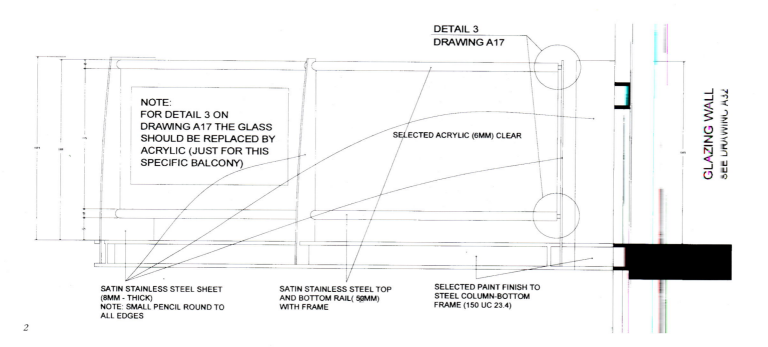

NOTE:
FOR DETAIL 3 ON DRAWING A17 THE GLASS SHOULD BE REPLACED BY ACRYLIC (JUST FOR THIS SPECIFIC BALCONY)

DETAIL 3
DRAWING A17

SELECTED ACRYLIC (6MM) CLEAR

GLAZING WALL
SEE DRAWING A32

SATIN STAINLESS STEEL SHEET (8MM - THICK)
NOTE: SMALL PENCIL ROUND TO ALL EDGES

SATIN STAINLESS STEEL TOP AND BOTTOM RAIL (50MM) WITH FRAME

SELECTED PAINT FINISH TO STEEL COLUMN-BOTTOM FRAME (150 UC 23.4)

2

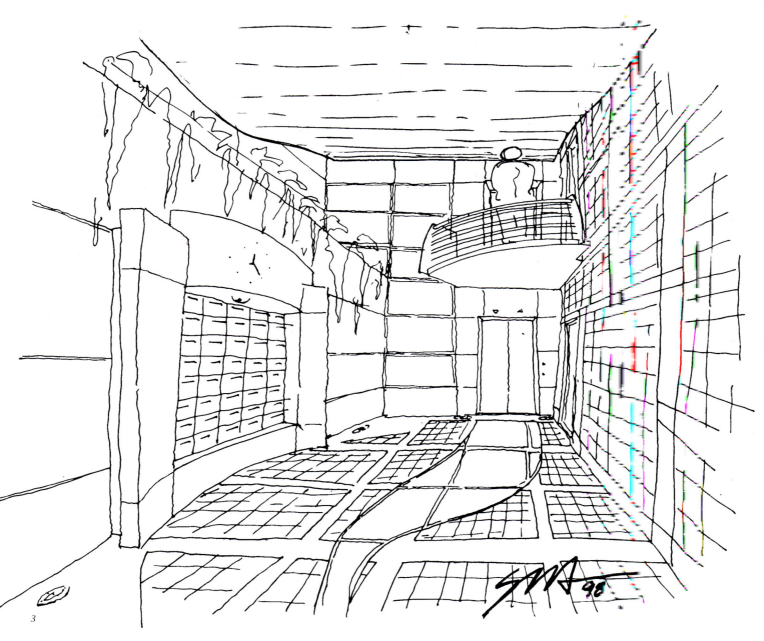

3

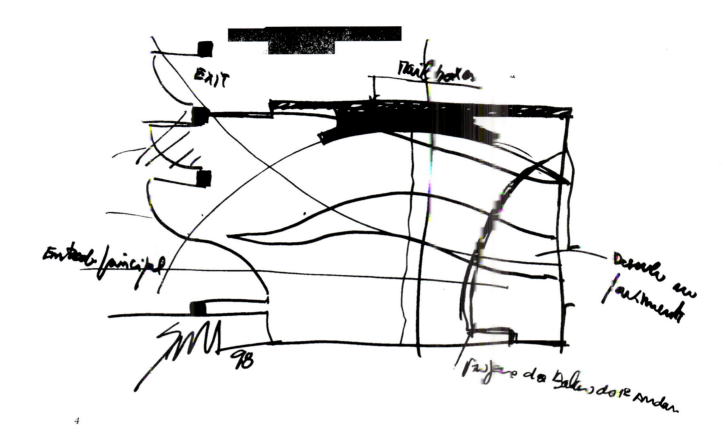

4

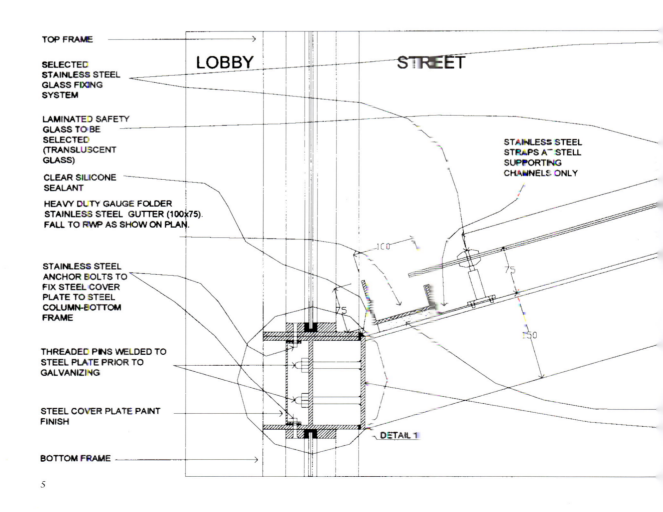

5

6

4 入口前厅的原始立面图
5 入口墙面的细部
6 入口雨篷
摄影：courtesy Rons Architects

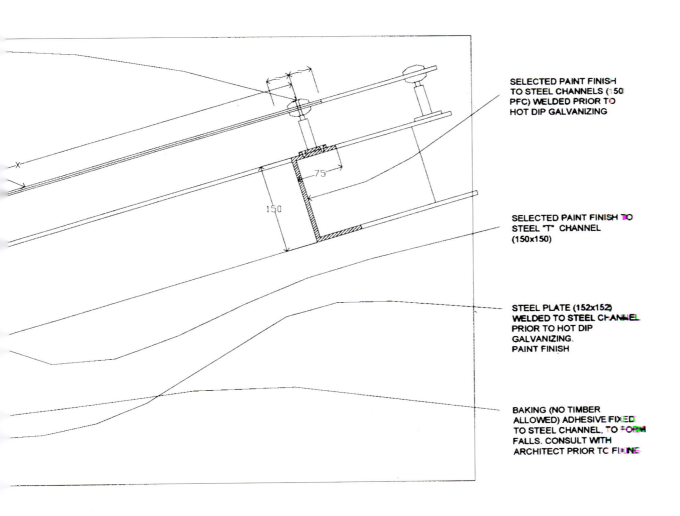

SELECTED PAINT FINISH TO STEEL CHANNELS (150 PFC) WELDED PRIOR TO HOT DIP GALVANIZING

SELECTED PAINT FINISH TO STEEL "T" CHANNEL (150x150)

STEEL PLATE (152x152) WELDED TO STEEL CHANNEL PRIOR TO HOT DIP GALVANIZING. PAINT FINISH

BAKING (NO TIMBER ALLOWED) ADHESIVE FIXED TO STEEL CHANNEL, TO FORM FALLS. CONSULT WITH ARCHITECT PRIOR TO FIXING

MULTI-LEVEL CEILINGS AND BULKHEADS
RESIDENCE, DOUBLE BAY, NEW SOUTH WALES, AUSTRALIA
Rihs Architects

多层顶棚与隔墙

澳大利亚，新南威尔士，达布尔海湾，住宅
里斯建筑师事务所（悉尼）

1

2

3

1和2　顶棚细部
　　3　采光井/厨房隔墙
4和5　各层平面
　　6　剖面
　　7　楼梯井顶棚边缘细部

由于在狭小的基地中受到限制，局促的建筑外墙面给设计带来严格的约束，因此建筑师只有采取革新的方法才能彻底解决高差和特殊的服务管网带来的问题。尽管独栋住宅中会有一些不常见的高强度荷载，设计师还是要将空间设计成一个没有柱子的结构。

传统的顶棚与隔墙相交接的手法在别处可以达到的高水准的修饰与细部成效，而在这里却无法实行，这里需要一个更开放和更具新意的解决方案。

真实的分层顶棚通过凹进的垂直壁板相接，每层顶棚板的可见边缘都形成一个渐变的锐利的锋利末端，使顶棚具有与住宅其余部分的细部设计相协调的轻盈锐利的细节。

顶棚板与隔墙成为新的具有雕塑感的造型元素，它们在白天或晚上都可以加强光影效果，从而进一步增强了设计的动感。

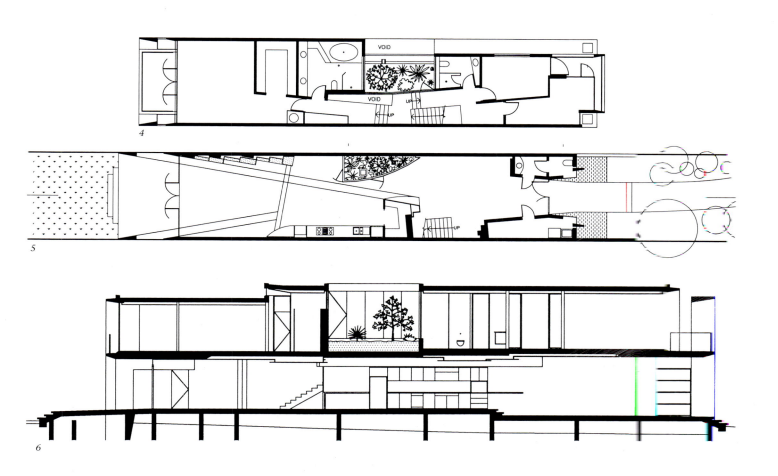//

8

8 顶棚板细部
9 隔板细部
10 分层的顶棚板细部
摄影：Simon Kenny(1,3,8)；经 Rihs Architects 授权

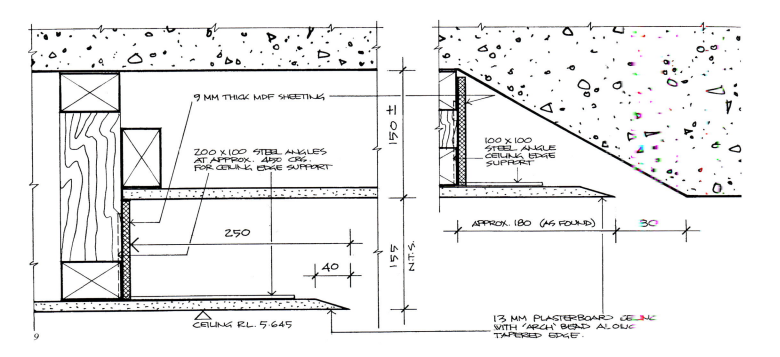

9

10

RIBBED INTERIOR WOODEN WALL
BRIEFING CENTER, SILICON GRAPHICS, MOUNTAIN VIEW, CALIFORNIA, USA
STUDIOS Architecture

带肋骨的室内木墙面
美国，加利福尼亚州，芒廷维尤，美国计算机图形工作站生产公司（SGI）发布中心，
Studios 建筑事务所（旧金山）

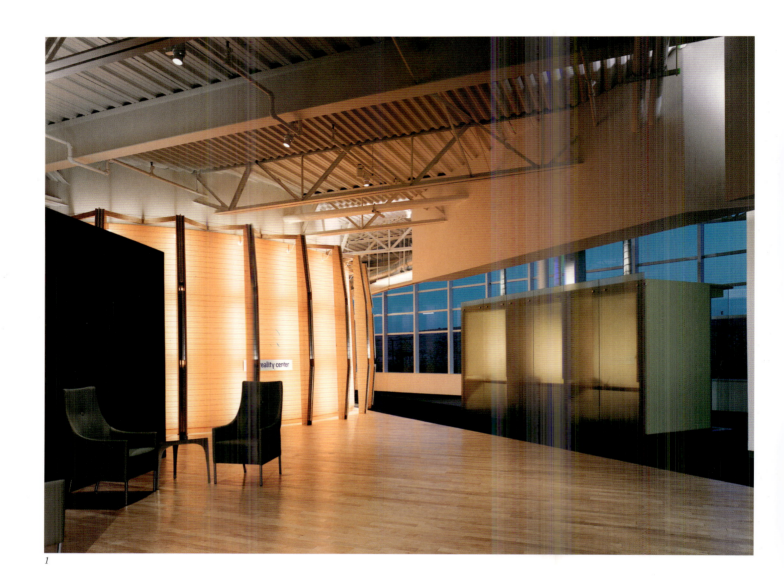

1

1 灯笼状的"现实中心"表达富有能量的感觉
2 钢、木和荧光灯发光肋骨围合的剧院的细节
3 首层平面

项目委托方对计算机的软硬件技术进行了极端复杂的应用，比如三维建模，气象模拟和体验式剧院。

这个发布中心是由建筑工作室设计的公司园区的一部分，用做市场营销。配有会议室和演示场所的中心区位于SGI园区的主入口位置。它由两个后面的侧翼和分开的主要大厅接待处组成。

支点一样的中心平面与成角度的两翼之间中枢被用来统一空间——中枢是通过不同的地面材料和一个圆形的悬挂式不锈钢帷幕来限定的。

到院在一条道路的尽端，是建筑工作室设计的多层官体验式电影院，用以展示SGI图像公司组成及其技术应用。

运用展示设计中的策略，中央的支点平面中为一系列的会议室和放映厅围绕一个明亮而高的大空间布置，观众被这个逐渐开阔的空间引向体验项目。

从会客区和休闲区开始，人们被引向一

2

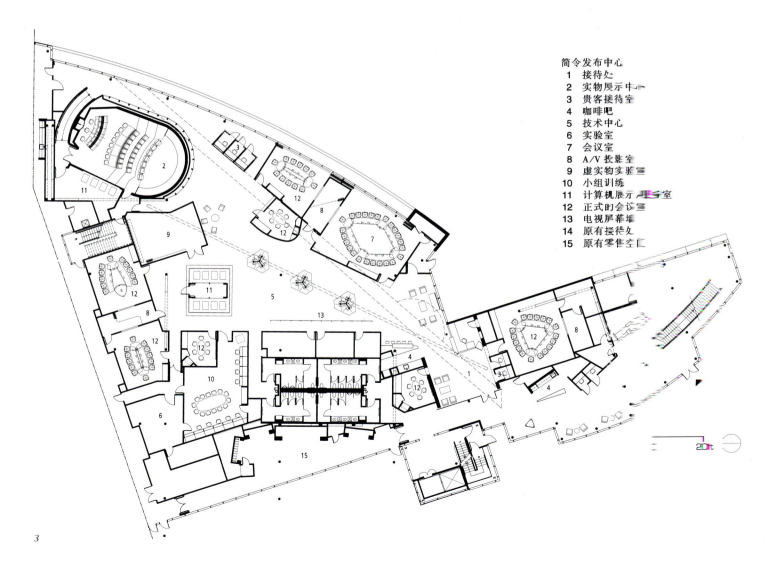

简令发布中心
1 接待处
2 实物展示中心
3 贵客接待室
4 咖啡吧
5 技术中心
6 实验室
7 会议室
8 A/V投影室
9 虚实物实验室
10 小组训练
11 计算机展示用会室
12 正式的会议室
13 电视屏幕墙
14 原有接待处
15 原有零售空间

3

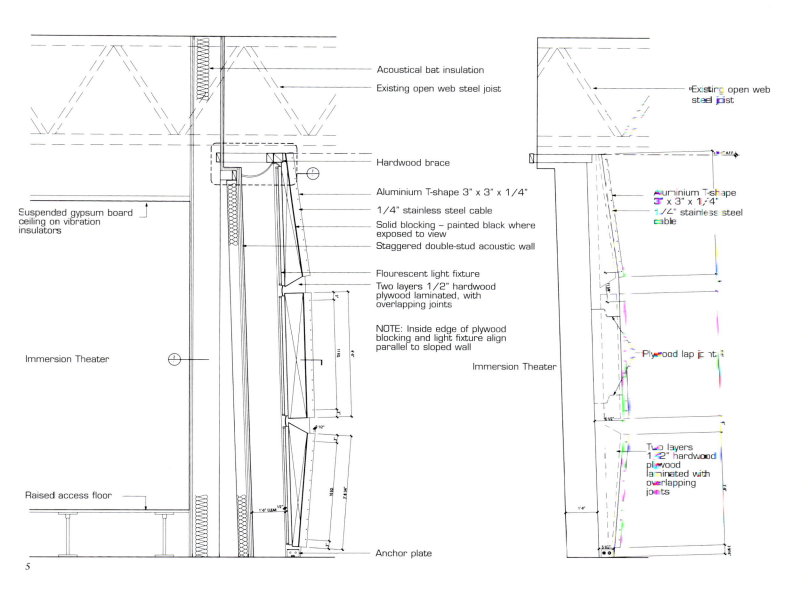

个精心设计的空间序列。先是经过一个未经修饰的木制台上展示的工作中的硬件，然后穿过一列自行播放的显示器，通向现实中心。

剧院的表面是橘黄色的，镶有枫木肋带，内有照明装置。灯笼状的外形传达出一种内部充满能量的感觉，就好像它所容纳的图像生产机器的一个巨大的组成部分。

灰绿石灰石和深灰石板，枫木，不锈钢与平板玻璃都折射出苔藓绿色和紫铜的光泽，它们通过朴实的色彩和质感来标识出观众使用的空间。

对面图：
现实中心的体验式剧院的内部
5 现实中心墙部面

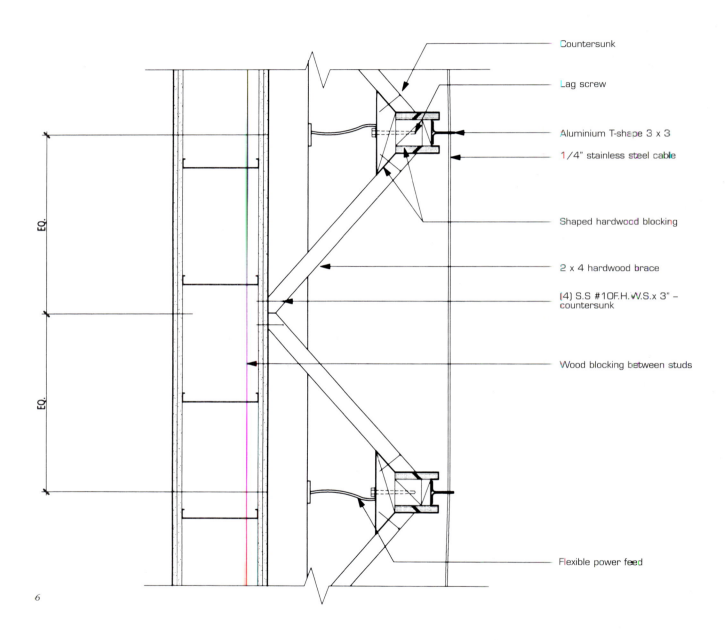

6

6和8 现实中心的肋带的细部
摄影：Michael O'Callahan

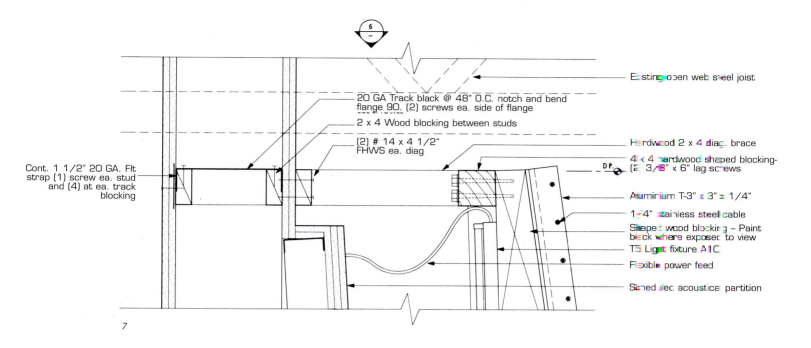

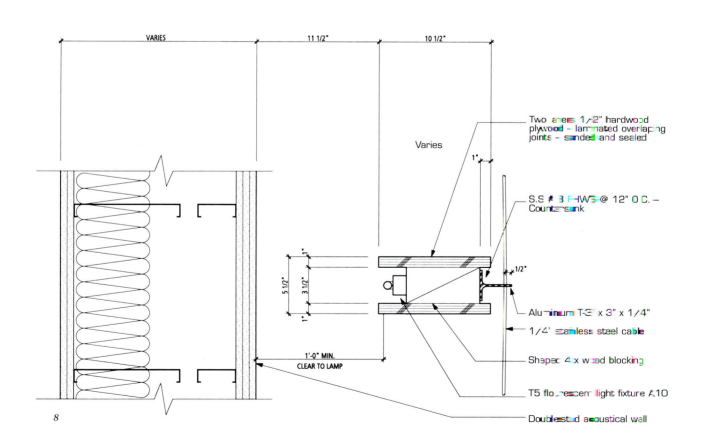

SKYLIGHT, GLAZED WALLS, MESH SCREENS AND SUNSHADES
QUEENSWAY SECONDARY SCHOOL, MINISTRY OF EDUCATION, REPUBLIC OF SINGAPORE
TSP Architects + Planners Pte Ltd

天窗、玻璃墙、网孔板与遮阳板
新加坡，教育部，皇后大道第二小学
TSP 建筑师 + 规划师有限公司（新加坡）

1

1 倾斜"铁罐"和走道屏幕的细部
2 体量一、二的东立面
3 总平面

新增的建筑修建在1961年建校的旧址上。在这样一块压缩的地块上，实体之间都紧密相连，形成三组独立的体量，每一组都由一堆倾斜或碰撞的平面形成。

"体量一"的显著特征是像一个倾倒的"铁罐"，这种型态正是对地块的这种压迫模式的响应。这样形成了图书馆的两个体量，通过玻璃屋面采光，与玻璃墙面相接，形成一个连续的弯曲的玻璃面。结构主要由中空钢构件构成，这种构件截面上有盖板用来固定玻璃。

6层楼高的"体量二"，在巨大的网眼屏幕后面提供了步行交通空间。在使用者与外景之间形成了一个半透明的屏障。网眼屏幕在混凝土的表面形成了一层柔和的纹理。

4层楼高的"体量三"，被一组可以随气候变化的遮阳板遮蔽起来。经过计算突出墙面的2.6m的遮阳板从建筑洞口上投射下长长的阴影。类似的遮阳也保护着"体量二"面向开阔场地的大面积暴露在日光下的正立面，减少通过建筑墙面和玻璃门窗传入的热量。

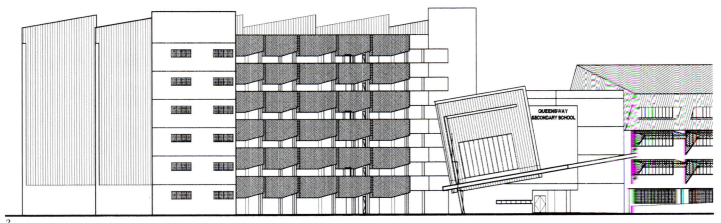

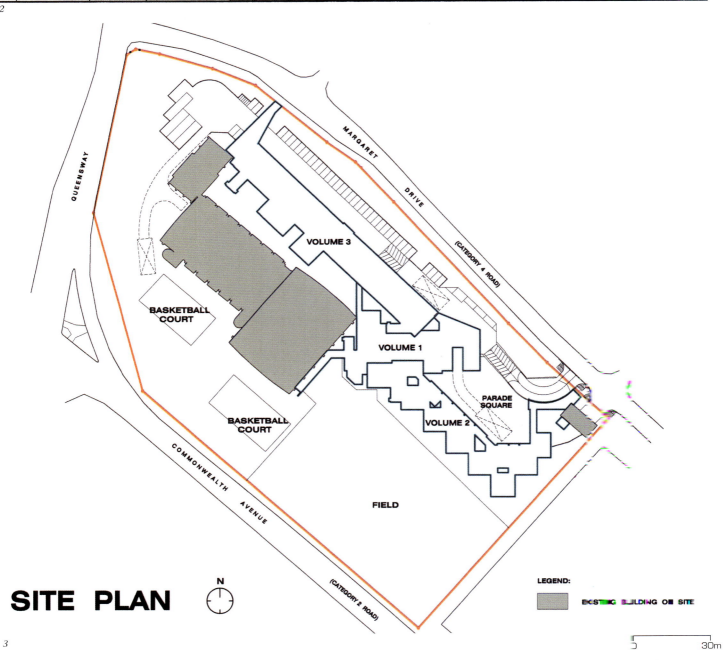

SITE PLAN

4

5

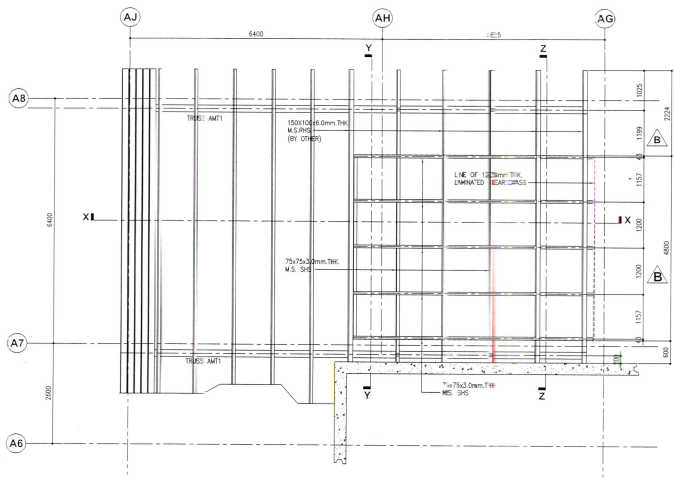

6

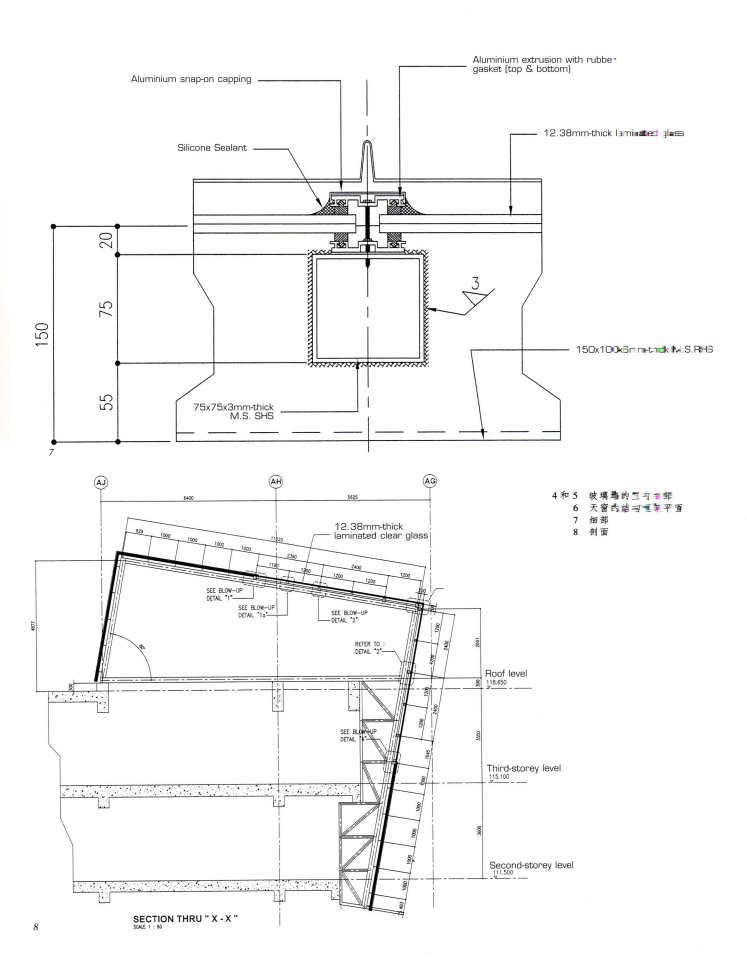

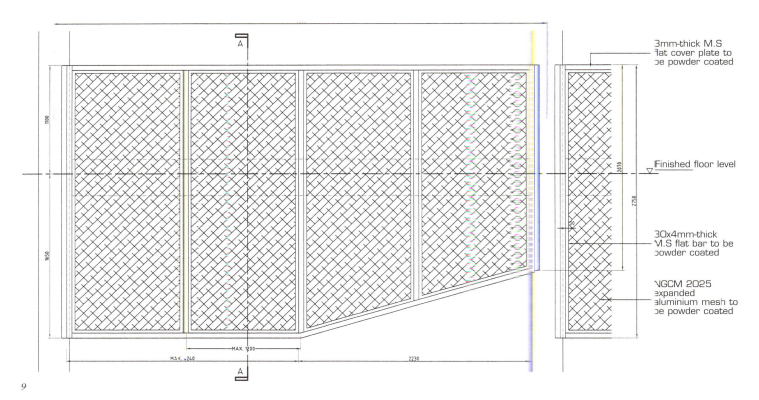
9

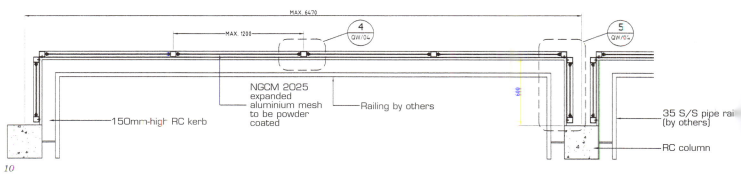
10

11

9 异型的遮阳板立面
10 遮阳板剖面
11 和 13 从走道看遮阳板的细部
12 遮阳板细部
14 钢框和外挂网孔板的细部

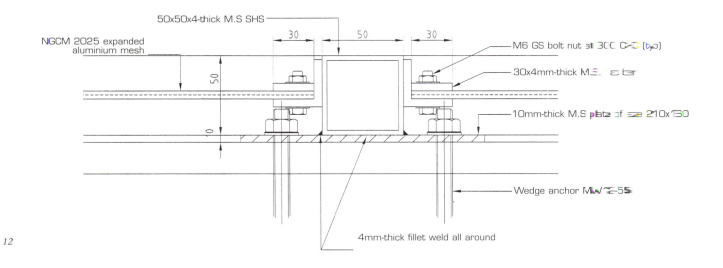

12

13

14

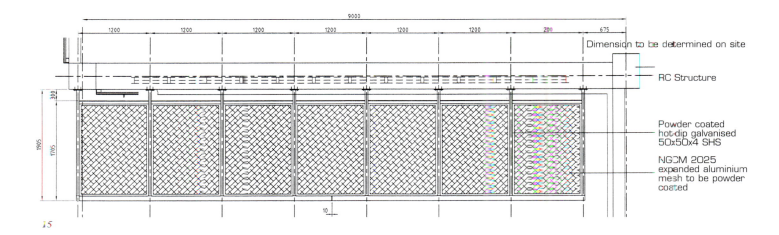
15

16

17

15 网孔遮阳板平面
16 遮阳板细部
17 铝板墙面和遮阳板细部
18 遮阳板侧立面
19 遮阳板立面

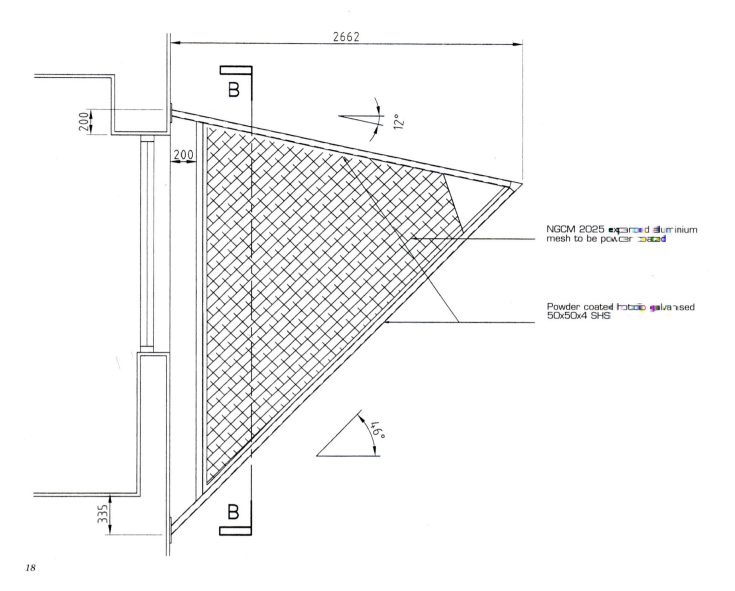

18

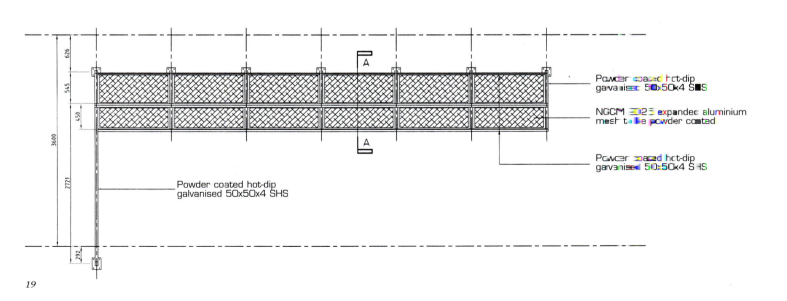

19

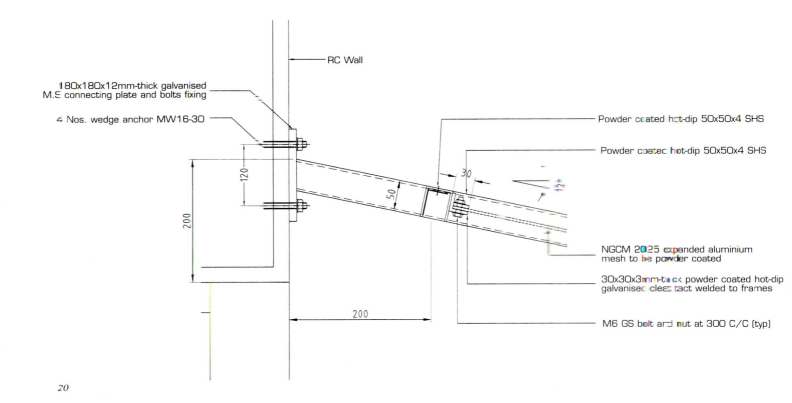

20

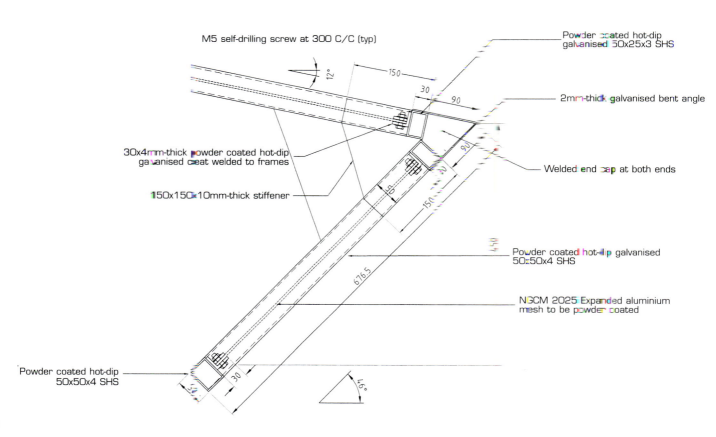

21

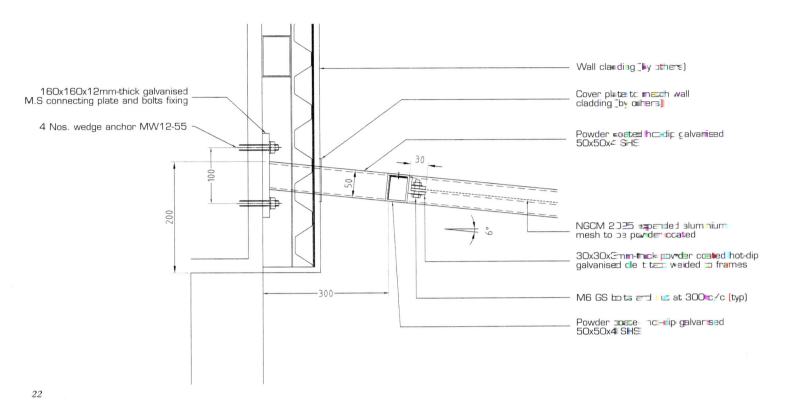

22

23

24

20 和 21 遮阳板细部
22 网孔遮阳板的剖面
23 4层建筑上的遮阳板的细部
24 玻璃墙面和遮阳板夜景

摄影：Albert KS Lau (3, 24);
Lawrence PC Lam (1-5, 8, 11, 13, 14, 15, 16, 17)

WALL PANELS
WHITE CHAPEL, ROSE-HULMAN INSTITUTE OF TECHNOLOGY, TERRE HAUTE, INDIANA, USA
VOA Associates Incorporated Architecture / Planning / Interior Design

外墙板
美国，印第安纳州，特雷·霍特，罗斯—胡尔曼技术学院白色礼拜堂，
VOA 建筑/规划/室内设计合伙人公司（芝加哥）

1

1 带室外平台的南立面
2 建筑剖面

　　白色礼拜堂是一个无教派的礼拜场所，坐落于倍受瞩目的罗斯·胡尔曼技术学院。它实现了一个长久以来的愿望，即在校园内创造一个既可以聚集做礼拜，又可以进行单独的心理咨询的场所。

　　500 m^2 的礼拜堂是由入口前廊支撑的楔形中厅，心理咨询室，食品间、卫生间和机械室组成。中厅是由一系列不锈钢管拱围合而成的一个半锥形壳体，这些拱的尺寸沿中厅从后向前渐渐增大。菱形的不锈钢面板包在中厅的外墙上。外墙被一系列竖向条窗和一系列连续的屋脊天窗分割。中厅的东立面是全玻璃的，可以引入校园环境，使其成为礼拜堂内部活动的背景。

　　一面长而弯曲的石灰石墙面穿过中厅并延伸到基地上。墙边的小径将礼拜堂的访问者引至入口。室外的花园露台成为礼拜堂的前庭。

　　该设计方案以一个瀑布和水渠限定了露台的东边界，从而在日常生活与礼拜堂之间划分了界限。礼拜堂是沉思和举行宗教仪式的场所，是人们与灵魂和心灵对话的场所。

204

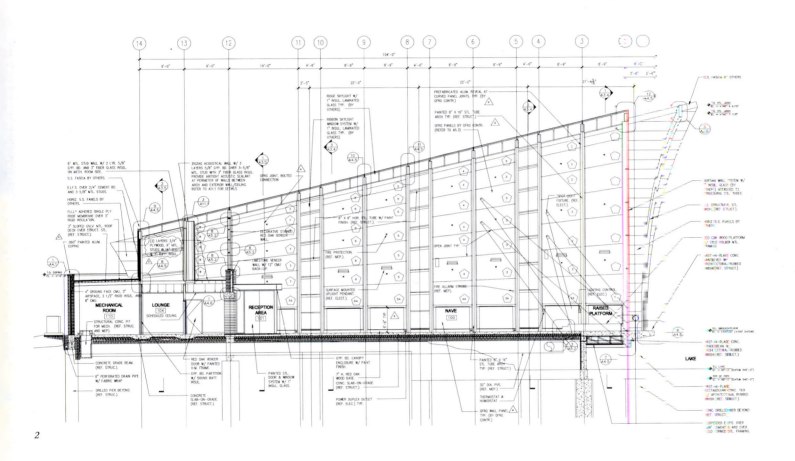

2

　　礼拜堂的精华在于其结构和外壳，它们使主要的礼拜空间成为一个独立、简洁又富有动感的形体。设计去掉了一切多余或不必要的构件，将结构和外形的因素精简到只留最基本的组成部分。

　　为了追求简洁的效果，对这个有着几何形体的建筑的每一部分都做了考虑，从对结构和建筑外皮的选择到机械、电力，防火系统的细部以及房间声学的设计，无一不是如此。

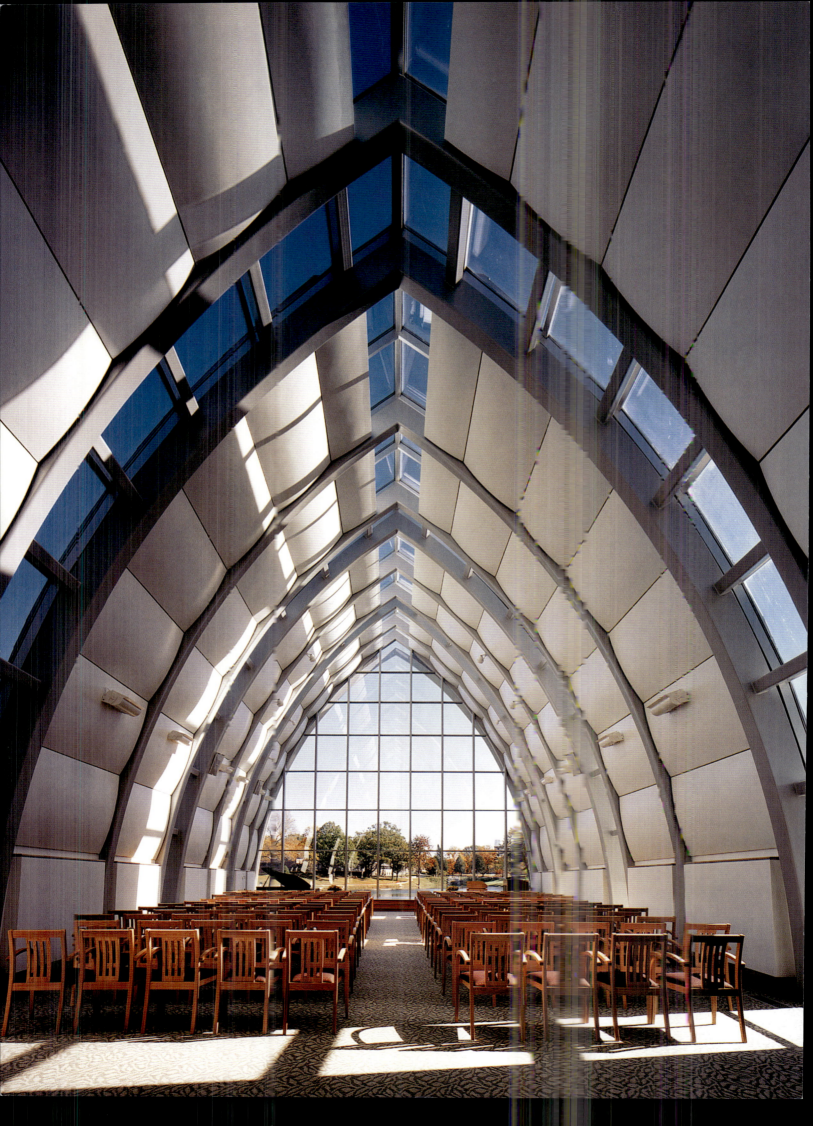

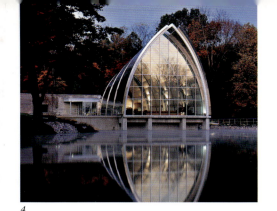

4

对面图：
有钢拱和呖[??]堂室内
4　从湖上看礼拜堂
5　中厅立面

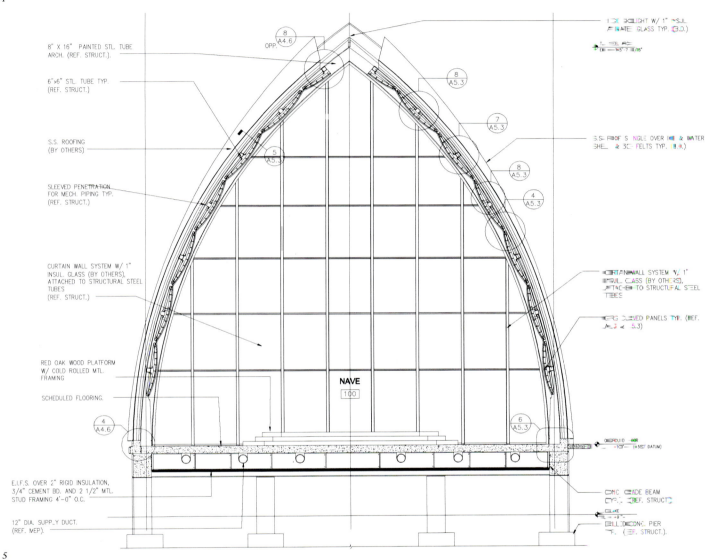

5

作为一座工程学院的建筑，用建筑细部构造来表述结构和精确性是设计的首要原则。设计任务书是有指导性的，同时也是令人愉悦的。

礼拜堂由箱形基础和混凝土地基梁支撑。为了使四个支持礼拜堂前部的箱形基础嵌入湖底，先要建造一个临时的围堰。

建筑的基本结构是一组14根矩形钢管做成的拱，形成哥特式外形。每一个拱都是不一样的。水平连接这些拱的是方钢管，它们按相同的走向与钢拱相交。矩形钢管组成了东立面幕墙的支撑结构。

建筑外部覆盖的是菱形的扣接不锈钢板，它们贴在NRG绝缘板上的防水防冻覆膜之上，绝缘板覆在波纹金属板上，这层波纹金属板覆在钢管拱上。

由于从三个方向进入基地都有严格的限制，所以需要用起重机和25m高的提升机来竖立结构和安装外墙板。竖条窗与屋脊的天窗都是平接的玻璃，与不锈钢面板整合成一体。

对面图：
竖条窗细部
7　墙面板

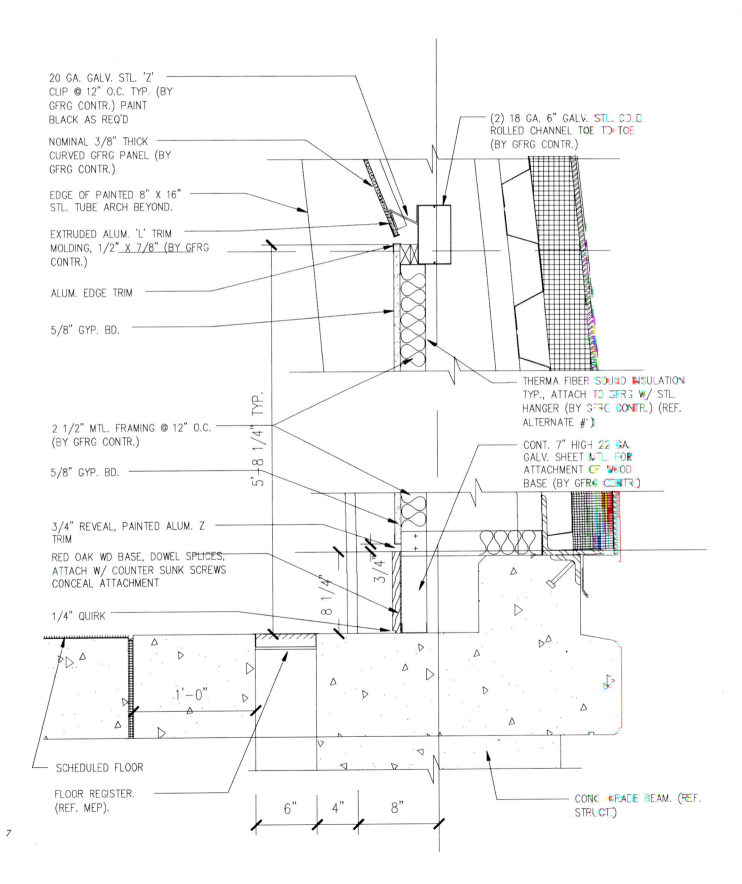

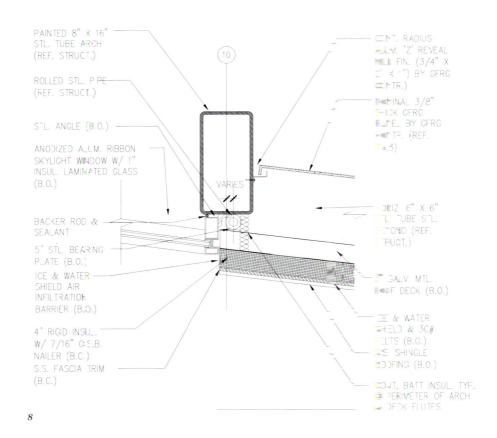

8

9

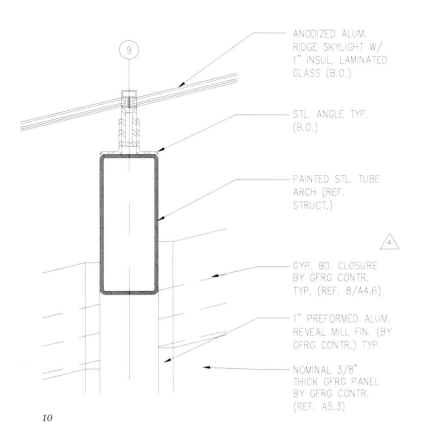

10

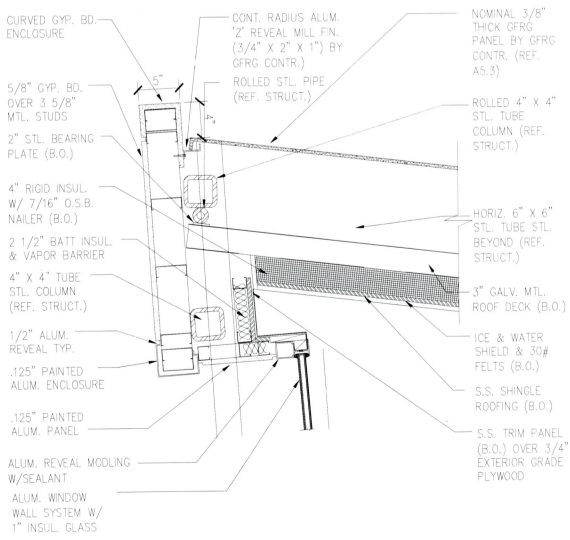

11

8 细部
9 不锈钢外墙皮
10 细部
11 细部
摄影：Steinkamp/Ballogg Chicago

INDEX
索 引

Bamboo island	144
Banquette	72
Bed	134
Bridge	122, 130,
Canopy	98, 122, 168
Ceiling	32, 184
Cladding	60
Corridor	76
Curtainwall	36, 144, 162, 172
Curved roof	150
Curved wall	144
Desk	72
Dome	84
Door	142
Glazed wall	194
Glazing	40
Heliport	46
Hemicycle	32
Light fixture	138
Liturgical	28
Lobby	180

Mesh screens	194
Mullions	116
Pavilion	106
Pier	48
Pillar	32
Quadrapod	130
Roof	18, 32, 64, 94, 110
Screen	72, 194
Server room	52
Skylight	44, 150, 194
Spheres	90
Stair	52, 122
Structural frame	156
Table	178
Vertical sliding door	68
Vivarium	176
Wall	36, 46, 48, 188, 204
Water feature	10
Water wall	82
Wooden wall	188

ACKNOWLEDGMENTS

致 谢

IMAGES is pleased to add *Details in Architecture, Creative Detailing by Some of the World's Leading Architects, Volume 4* to its compendium of design and architectural publications.

We wish to thank all participating firms for their valuable contribution to this publication.

In particular, we would like to thank Foster and Partners for allowing the use of their photograph and plans on the cover and divider pages of this book.

We are also most grateful to Mark McInturff of McInturff Architects, for writing the Foreword for this book.

Every effort has been made to trace the original source of copyright material contained in this book. The publishers would be pleased to hear from copyright holders to rectify any errors or omissions.

The information and illustrations in this publication have been prepared and supplied by the entrants. While all reasonable efforts have been made to source the required information and ensure accuracy, the publishers do not, under any circumstances, accept responsibility for errors, omissions and representations express or implied.